MURMULLOS DE LA BARBARIE

MURMULLOS DE LA BARBARIE

UNA DISTOPÍA DEL DESENCHUFE DIGITAL, EL CINE SILENTE, LA COMIDA AMBULANTE Y LA MÚSICA ACÚSTICA

SAÚL HOLGUÍN CUEVAS

HISPANIC INSTITUTE OF SOCIAL ISSUES
MESA, ARIZONA • 2023

First Edition

Murmullos de la barbarie
Una distopía del desenchufe digital, el cine silente,
la comida ambulante y la música acústica

Published by the
Hispanic Institute of Social Issues
123 N. Centennial Way, STE. 105
Mesa, AZ 85201
(480) 939-9689 | HISI.org

Cover & book interior designed by Yolie Hernandez
yolie@hisi.org

Library of Congress Control Number: 2023942910

Paperback ISBN 13: 978-1-936885-56-5

A LA MEMORIA DE MI HERMANA LALA
Y DE MI JEFITO, LUIS OLGUÍN MALDONADO

ÍNDICE

PASE DE ABORDAR DEL LECTOR

EL AUTOR DE *MURMULLOS DE LA BARBARIE* EMPLEA UN DOMINIO especial del idioma que, a veces, puede parecer laberíntico y desconcertante. La singularidad del trabajo de este escritor radica en su capacidad para desafiar las normas lingüísticas convencionales, ofreciendo una experiencia única aunque desafiante.

El amplio conocimiento literario y las alusiones culturales de nuestro autor pueden llegar a ser complicadas en ocasiones, pero entre las complejidades de su estilo se encuentran ideas profundas y una interesante perspectiva sobre un tema de actualidad.

Es a través de este tipo de obras que crecemos como lectores y expandimos nuestros horizontes. La intención del autor no es dejarnos perplejos sino invitarnos a experimentar con el lenguaje y las ideas.

Las siguientes recomendaciones servirán al lector como un pase de abordar que le dará acceso a las claves de esta novela:

Voluntad de aceptar lo poco ortodoxo: usa tus sentidos literarios para un viaje atrevido mientras el autor desafía las convenciones tradicionales de la narración. Deja tus expectativas en la puerta y prepárate para lo inesperado.

Una mente curiosa: está dispuesto a ir más allá de los límites del texto. Consulta fuentes adicionales, profundiza en las notas al pie de página y explora las referencias para ampliar tu comprensión. El internet y un diccionario son tus mejores aliados.

Un sentido de aventura: lee esta novela con una mente abierta y deseo de conocimiento. A nuestro autor le encanta desviarse de los caminos trillados, mezclar idiomas y atravesar fronteras culturales. Mantente al ritmo de sus giros lingüísticos y acrobacias culturales.

Paciencia y perseverancia: como un cazador de tesoros, podrías encontrar desafíos en el camino. La persistencia conducirá a descubrimientos emocionantes. Cada obstáculo superado hará que el viaje literario valga más la pena.

Ganas de aprender: prepárate para un festín intelectual. Esta novela sirve no sólo como entretenimiento, sino como una oportunidad para ampliar tu conocimiento. No estás solo en esta lectura. El autor es tu guía, iluminando el camino con su destreza literaria. Confía en su experiencia y disfruta de *Murmullos de La Barbarie*.

El Editor

INTRODUCCIÓN

UBICADO ENTRE LA SEDUCCIÓN DE LA TECNOLOGÍA DIGITAL Y EL EN-
canto de una vida sencilla, Saúl Holguín Cuevas teje una historia
que explora dos sociedades contrastantes. *Murmullos de la Barbarie*
sigue a *137*, un hombre que se encuentra en una encrucijada, dividido
entre permanecer en un sistema corporativo, capitalista y altamente
digital o integrarse en una comunidad orgánica y desconectada. A
través del viaje de *137*, el autor nos adentra en un mundo de descu-
brimiento, adaptabilidad y transformación, donde los límites entre la
tecnología y la tradición se desdibujan, lo que permite que el espíritu
humano prospere en medio de la simplicidad.

La aventura de *137* en la sociedad desconectada es como una
aventura en una tierra olvidada. Los paisajes rurales tangibles reem-
plazan repentinamente las pantallas adictivas del mundo digital, y
el ritmo acelerado de su vida anterior da paso a un ritmo más suave,
aunque más áspero. A medida que *137* explora este nuevo entorno,
experimenta una mezcla de asombro e incertidumbre a medida que los
vínculos digitales que lo atan comienzan a desmoronarse. Despojado
de sus dispositivos digitales, se encuentra a la deriva en un mar de simplicidad, pero acepta el desafío y aprende gradualmente a navegar en
este mundo tangible.

Atrás quedaron los mensajes de texto instantáneos, reemplaza-
dos por cartas escritas a mano, y los mapas digitales desaparecen junto

con un guía en vivo que lo lleva a explorar. En este choque entre sofisticación y rudeza, *137* descubre virtudes como la adaptabilidad y la paciencia, que sin saberlo apuntalan el complejo laberinto de sus deseos.

Dentro de *La Barbarie*, la fuerza de la comunidad se despliega como una hermosa sinfonía. Los extraños se hacen amigos y las conversaciones se convierten en una forma de arte. Así, *137* es testigo del poder de la conexión humana a medida que las experiencias compartidas y los apoyos dan forma a una manera de vida diferente. Se da cuenta de que la verdadera riqueza no se encuentra en las monedas digitales o tokens que recompensan a los esclavos corporativos.

Rodeado por el abrazo de la naturaleza, los sentidos de *137* se despiertan y se maravilla con los colores vibrantes del campo, senderos con flores y las melodías de los pájaros silvestres. La naturaleza y la vida sencilla se presentan como santuarios, lo que ofrece un marcado contraste con la interconexión del mundo digital al que *137* está acostumbrado mientras le presenta los valores fundamentales de la vida.

Cada día que pasa más allá de los restrictivos muros del *KPSA* le enseña a *137* a encontrar la belleza en la simplicidad. Descubre los sabores de la comida callejera, la esencia de las historias compartidas y las atesoradas tradiciones que abren un mundo desafiante pero cautivador. La música acústica y las armonías artísticas le infunden un nuevo sentido de propósito. Mientras que las imágenes de películas sin sonido lo llevan a mirar a través de una ventana al pasado, que sin contar con el diálogo le ayudan a entender el lado silente de la comunicación humana.

A través de la lente de su perspectiva programada, *137* observa cómo las personas que lo rodean prosperan con recursos limitados y abordan ingeniosamente los desafíos cotidianos aprovechando el poder de la naturaleza y reutilizando objetos desechados.

En medio de los colores vibrantes, los sabores tentadores y las historias cautivadoras, las cadenas de la gratificación instantánea y el placer fugaz se rompen. En esta amalgama de emociones, *137* desenreda los hilos de su identidad y abraza el encanto natural de la cultura callejera.

En *La Barbarie*, *137* encuentra momentos de profunda introspección. Libre de constantes distracciones digitales, sus pensamientos fluyen sin obstáculos. En silencio, descubre deseos ocultos, cuestiona el control de la vida corporativa y se embarca en un viaje de autodescubrimiento. *La Barbarie* atrae y ofrece un camino más gratificante pero desafiante, en el que las promesas vacías del ámbito digital pierden su atractivo. El encanto del hiperconsumismo y el materialismo se desvanece gradualmente, reemplazado por una apreciación genuina de la riqueza de las experiencias naturales.

¿Abrazará *137* de todo corazón la vida más simple, o las tentaciones de la sociedad digital reafirmarán sus ambiciones, manteniéndolo dentro de las comodidades del *Konsortium*? ¿Se rendirá al encanto rústico de *La Barbarie*, abandonando para siempre la red digital? ¿Podrá resistir la atracción irresistible de una sociedad altamente digitalizada? ¿Abandonará el mundo digital para responder al llamado de la naturaleza? ¿O quedará atrapado entre los dos mundos en conflicto, perpetuamente desgarrado entre ellos? Las respuestas se encuentran en las siguientes páginas.

Eduardo Barraza
Editor
Mesa, Arizona

ESTIMADOS CINEFILOSOS

NECESARIO UNA ACLARACIÓN, CASI EXCUSA, PARA DAR UN POCO DE luz, cual acostumbro, a lo que pudiese resultarles enfadoso y confuso; no es la primera vez que me lo señalan. Anteaño me ilusionaba pensar que si nadie entendía mis garabatos me concedía sabiduría, entonces eso codiciaba. Ahora, por fortuna, pienso todo lo contrario, de ahí que agradezco la tenacidad de los tres gatos que aún me acompañan por este camino, perdido por ya largos cuarenta y ocho años —que no se reciclan—, de borneado cabalgar entre letras hostigando molinos (2023).

Alumbrado con veladora de cera virgen arranqué con un salto vertiginoso, prontito me perdí en la senda desconocida: *Cuatro caminos hay en mi vida, ¿Cuál de los cuatro será el más chido?* He ahí la cuestión. Bueno, vamos desde el principio. En otra búsqueda de la mejor manera de *dicharachar* lo ya tantas veces dicho, un buen día me planté a escribir y a suspirar, acumulé, en cuartillas, alguna veintena; pensé que a ese paso prontito concluiría, en dos, tres años.

Usted que me conoce, divina lectora, bien sabe que esto es poco tiempo para el que me gasto, el que pierdo, el que invierto para medio completar un libro. Pronto extravié la hebra, no pude continuar. Pensé en mi penúltimo esfuerzo, *Verde* quedó incompleta, sólo sirvió para fastidiarme, frustrarme...

Para no abusar de su amable compañía, pacientes compañeros de jornada, les propongo lo siguiente: atenta lectura de las notas y de las explicaciones en paréntesis.

Veo que se mantienen regionalismos, a pesar que la Academia se esfuerza por adoptar un idioma oficial; nada nuevo. El latín fue la voz del saber, el francés de la diplomacia, el inglés del comercio, el éter del milenio. Pero la palabra sigue su vertiginosa metamorfosis, de bichito a *papillón*, a *papalotl* inquieta mariposa. La terca búsqueda de la palabra adecuada me mantiene alerta y curioso en este rudo naufragio llamado vida, encarando altas *odas* por ya largas siete décadas.

El final está cerca, los achaques lo denuncian, mis contemporáneos van quedando en el camino. Pero mientras la salud y un rayito de lucidez me acompañen, no abandono la *penna* (pluma). Angustiado superé los cuatro y cincuenta almanaques que me asignaron las estadísticas. Consciente estoy, casi resignado; cualquier letra que escriture pudiese ser la última, por lo tanto, *pa'elante*.

Al grano voy. No escatimé esfuerzo ni mi tan breve y escaso tiempo para armar mi *codicilo* (legado). Me ilusiona pensar que llegará a agradarles. Inclusive, iluso un día llegué a pensar que este *opus* me sacaría de pobre.

Con gusto, con todo gusto comparto.

El Autor

DRAMATIS PERSONÆ[1]

ESTRATIFICACIÓN: Dentro del Konzortium (KPSA; K), por encima de todos está el *Straight Shooter*; le siguen *Superiores* a distintos niveles, de ahí;

Lideres (sin acento) que responden a un *Superior*;

Abajo están los *Arsenios* o *Technoids*: los que rehúsan el contacto social a favor de las máquinas; *El Pirata* es un buen representante;

Y más abajo, los *Compas* (Company Men), *Manos*, *Estómagos*, *Entretenedores* o *Corazones*, antes de ser desplazados por las INTERS (Interactivas); desempeñan las labores mal remuneradas y por lo general poco apreciadas en el KPSA.

137/Higinio: El narrador, primero un *Compa*, después un transterrado.

Benny, El Anti(cuario): El experto en las cosas de la Barbarie.

El Loco: "Nunca me enteré de su verdadero nombre: unos le decían el Barullo, otros Chago, otros *usus mille* y, aun otros, Juanito".

El Pirata/Piratón: Un arsenio del KPSA, aledaño de labores del narrador, reservado por naturaleza; no tiene buen fin.

---

1 Los personajes o una lista de personajes en una obra de teatro, novela o narración.

Fígaro: Estómago, compa, manos o estilista en el KPSA, después un transterrado.

Gio: El *host* de *Tacos El Salto*.

La Coatl: Por las noches vende comida callejera, su especialización, tamalitos. No aparece, pero, si pensé en agregarla, nunca lo hice.

La Doñita y sus Chicos: Durante el día venden semillas a la entrada del cine *Martirio*. Por la noche, en una Esquina de la Barbarie despacha un pastelillo hecho en casa, conocido como gordita. Tres chicos Iza, Maxi y Memo se encargan, ella de cobrar, los traviesos de servir las bebidas, café, canela y atole. Aunque en el original aparecen, en la primera versión del Anti-cuario (en su papel de editor) no lo hacen; aquí los restituimos, por considerarlos el futuro.

La Princeps: La pantalla más grande de cualquier recinto, ya sea el Apolo Palacio (departamento), Tabernáculo, (estadio), etc.

Lala: La guía e inspiración del narrador.

Ojos Pradera: artista deambulante.

Onceochonce *(11-8-11)*: Una embajadora, vecina del narrador.

Orlac: El guardián del pianoforte. Otro transterrado del KPSA.

Pepe, Samo (sabe actuar en el momento oportuno): Entretenedor del Konzortium, maestro, después transterrado. Fabrica licores.

Pocho BB. AA: Atiende el Kokodril del Kongal.

Straight Shooter: El jefe máximo del Konzortium.

Jellied Brainz (Mus Flambé): Banda de música liderada por Fast King Lui.

Zamurai: Corazón (guardián/centinela/celador) del KPSA.

Zenturión: Corazón del KPSA.

Zerebrito (Zerebellum o La Gram): Lider (sin acento), encargada de supervisar a los compas. La *11-8-11* le llama La Gram, pues siempre está a régimen alimenticio. Vecina del narrador.

Zerebro: Superior e imagen que regenta a los que trabajan y viven en el KPSA.

ACTUALIDADES DE SITIOS FANTÁSTICOS

I. **Bárbara Barbarie (BB)**: El mundo del desorden, la creatividad, la comida, la música callejera y el cine mudo. Entre otros sitios contiene:

- **Alacrán**: Un caserío donde viven maestros jubilados.

- **Dive Capita de Maxo Cabrío** (Cabeza de macho cabrón): Un *sjebien* de malamuerte, un vil antro, tugurio o congalito.

- **El Kokodril del Congal**: Tangos, cerveza y empanadas.

- **El Martirio/El Piojito**: Destartalada sala de cine mudo.

- **Flor de Jimulco**: Un caserío donde viven los compas desahuciados.

- **La Lianza**: especie de mercado al aire libre.

- **Tacos El Salto**: Puesto de comida callejera, lo atiende Gio; especialidad, tacos dorados de papa.

- **Un beso me diste un día:** *Sjebien* con botanas y bebidas rasposas y boleritos.

II. **El Konzortium/KPSA/K:** El mundo subterráneo, trabajo, orden, comida genérica y cine colorido ultraestereoafónico.

- **Apolos Palacios:** Dormitorios.

- **Bazaar Segundo Hogar/Boutika:** Infinitos almacenes en donde se encuentra de todo.

- **Cinex:** salas de cine en cuarta dimensión, donde nunca se repite la misma cinta.

- **El Tabernáculo de los Sueños:** Gigantesca arena ultramoderna. Se torna **Rojo** para jornadas de Superación y; **Verde** para contiendas deportivas.

- **La Taberna:** El *beerhall* con mil cervezas de barril a disposición de los asocios.

- **Antigua Tazzadoro/La Casa del Caffé (Mill-granos):** Cafetería bar, sirven: *açai*, café lechoso, té, *kaa* (tangotea [tangoti]), khat, guaraná, Siete y Once Kilos de uva y más.

- **Sol:** Enorme salón, especie de baños públicos y gimnasio.

- **Tabernáculo de la Sabiduría Einstein:** Dos complejos donde se imparte a dos niveles: **Lince** (Linara) para infantes; se enseña a repetir y memorizar y; la **Aristoteliana (Universo Aristóteles)**, donde los adolescentes se entrenan a través de VV (Videovida/kinovideo); a los más obedientes se les invita a asociarse al Konzortium.

- **Virtualia**: Sala oscura para experimentar con las últimas versiones de VV (videovida) o juegos de kinovideo.

- **Área 51/*Topía***: *Eche todas las canas al aire en detenga el tiempo en la tierra de la ilusión, el encanto, la diversión sin moderación*: el mundo del desahogo.

Versión mutilada por los estudios de cine

Narrador: Tras *treintidos* años de servicio salí, para no volver, del Konzortium (KPSA o K). Creo por ahí encontrar, si me lo propongo, algún *malrecuerdo* de los tantos acumulados. Los tiré todos al vertedero con mis últimas fuerzas. Con manos disformes de tanto usar el *ALLK* y la *Station*[1], se me dificulta hasta incorporarme. Sin los somníferos, que cada día cuestan más, me resultará imposible reponer (dormir) inclusive, *midireponer* (dormitar). ¡CORTE!

~ 2 ~

Escena 1, Toma 2: versión mutilada. Favor de pasar al final del libro: Escena extra para una hipotética versión del director (*Director's cut*).

Narrador: nací en la República durante la Guerra Civil. Desde la infancia quedé huérfano. De entonces son mis primeros recuerdos. Disfruté con mis tíos Andrés, Luis y Pedro por esa fascinante, a veces aterradora Barbarie (BB). Gracias a mi naturaleza de obedecer sin cuestionar: «Recuerda que eres un volcán callado»; me adjudiqué una beca, con todos los costos pagados, a la famosa Lince...[2].

---

1 Difícil de llegar a entender lo que es un *ALLK*. Se trata de una especie de secretario privado de lo más ideal. Se encarga de todos los compromisos cotidianos de la vida del individuo, le programa el día a día todo el tiempo que esté de pie, concierta citas, es un centinela de la salud, programa diversiones, gastos e ingresos. Es, además, fuente de datos con infinitos archivos de imágenes, palabras, ideas en todos los idiomas bárbaros, hoy por fortuna olvidados, pues todos hablamos el mismo. *La Station* es un ALL de mayor tamaño y capacidad. Desde la generación *Millennial*, son portátiles y livianos.

2 Es probable que se trata de una de esas organizaciones que desciende, o pretende descender, de la Academia dei Lincei, establecida en 1603 y dedicada al estudio de la ciencia. Galileo fue un miembro distinguido.

Fade out/Fade in: fundido encadenado. La cámara enfoca en un edificio de dos alas, a la izquierda, bajo:

LINCE

El busto de Da Vinci, la cámara baja y entra por una ventana al aula. Entre varios pupitres, *close-up* de un niño, al dorso de la camiseta blanca: 137, viste pantalón azul marino y zapatos brillosos, concentrado escribe, vemos otros niños (*enfoque en la pizarra*):

Deber: escriba en números etruscos de $\wedge$ en $\wedge$, esquivando cuatro, hasta el cincocientos. Ejemplo: $\wedge$, X, X$\wedge$...

Fade out: Oscuro

Fade in: La cámara enfoca en el ala derecha del edificio, abajo, un busto de Aristóteles.

Narrador: Después de unos cursos acelerados ingresé, como cadete distinguido, al Universo Aristóteles LTD. Con el tiempo prometieron matricularme, si seguía al pie todos los estatutos: aparte de acatar sin cuestionar, honrar a mis maestros y jurar lealtad a la Sociedad.

Al principio estuve desconcertado. Aconsejado por los maestros, aposté todo a los juegos de video, mi campo de acción. Mis maestros, felices, pues ellos en lo suyo y yo en mis actividades favoritas: la usura, tergiversar, *stuprum violentum*[3], ensangrentar, estrangular, desmembrar, desentrañar a miles y miles en las ventallas (pantallas).

---

3 «Acceso carnal de un varón con una mujer de buena fama, mayor de doce años y menor de veinte y tres, logrado con abuso de confianza o engaño»: así define «*estupro*» el Diccionario de la lengua española por José Alemany Bolúfer de 1917; antiguamente, coito con soltera núbil o con viuda, logrado sin libre consentimiento: DRAE.

Pero antes, permítanme presentarles a mis íntimos: *Kuy* [RIP], un cuyo gordo y tragón; el *Richie* [RIP], un jilguerillo gritón; le siguieron la parejita *Abelardo y Eloisa* [también RIP]; la *Wachi* [RIP], una cana glotona e intemperante; también tenía un esquivo *Lagartijo*, pero, un *malmediodía*, llegó un *Correcaminos* y se lo llevó en el pico. Adiós mundo cruel [RIP]. Me olvidaba de *Aquileus*, la tortuguita, la cual me va a enterrar.

Antes de la Crisis Económica, guardaba ilusiones de trabajar en la Barbarie, pero con la guerra se agotaron los subsidios. Después de tanto buscar, un asocio de la Sociedad Lince me recomendó al Konzortium, el único sitio que en esos tiempos de crisis contrataba; ahí cambió mi vida. Antes de iniciar me sometieron a un examen de DNA, enviaron mis huellas dactilares al *E-Verify*[4]. Sin antecedentes delictivos, nada turbio encontraron en mi *curriculum vitæ*, ni siquiera los típicos pasos falsos de juventud.

Pronto me asignaron mi *ALLK*, *el amigo más fiel del hombre, de la mujer, de todos*, aunque desde que abandoné el Konzortium lo entregué.

~ Ǝ ~

NOTA DEL ANTI-CUARIO: ¿Qué les parece nuestra versión racional de un escrito sin sentido? A los curiosos les parecerá que renuncio a uno de los mandamientos de la escritura, confiar lo que la musa confiere y compartirlo. No se trata de interferencia editorial, sólo corregimos la gramática. Los que favorecen la lectura *raw*[5] renegarán del experimento. A pesar de todo nos quedamos con nuestra presente edición,

---

4 N. del E.: Un sistema basado en la web a través del cual los empleadores de EE.UU. confirman electrónicamente la elegibilidad de empleo de sus solicitantes o empleados.

5 Lectura burda, por lo general de un escrito hecho al vapor, leído en público, a gritos y con grandes aspavientos.

tal como nos la confió la pluma[6], siempre pensando en el lector, nunca en nuestra egolatría.

Sabemos de una edición pirata de probable factura cubana; no ha llegado a nuestras manos, pero les pedimos desconfiar de ella.

Si acaso les queda alguna curiosidad por cotejar nuestra versión con la esperpéntica escritura del autor, favor de consultar la versión B2 al final de esta ópera. ¡CORTE!

~ **4** ~

KRONOS DEL KONZORTIUM

Horario	Actividad(es)	Equivalente en las antípodas
Start (laudes)	Despertar, tomas una píldora *Blankes*	06:00 ante meridiem
Miura1	Mill-granos (cafetería)	06:45 - 06:59 a.m.
Prima	Cazar (trabajo)	07:00 - 09:00
Miura2	*Recess*	10 minutos
Tertia	Guerrear (trabajo)	Hasta las 12:00
Miura3	Lunch y videojuego	30 minutos
Sexta	Diezmar (trabajo)	Hasta las 15:00
Miura4	*Recess*	10 minutos
Vespers	Arrebatar (trabajo)	Hasta las 18:00
Miura5	*Recess*	10 minutos
Nona	Acaparar (trabajo)	Hasta las 21:00
Relax (completas)	*Jugar videos* (VV) dentro del *AP*	A partir de las 21:00
Reboot (maitines)	Tomar píldora *Reds*/ Reponer	00:00 horas

---

6 Recuerden que las tantas aclaraciones entre paréntesis y corchetes son para intentar dar sentido a la lectura y dirigir nuestros pasos por tan sinuoso camino, no es, necesariamente, la verdad. El autor ya no está para guiarnos por la senda.

~ 5 ~

Cuando ingresé al Konzortium como asocio activo, primero fue necesario superar el examen conocido como reubicación de *data*.

Me presenté en la antesala, un cubículo contiguo a la *Grand Entrance* del KPSA. Me condujeron a una *Station*. A través de la *ventalla* (pantalla chica) me administraron un examen de admisión. Una serie de rompecabezas, interrogantes, acertijos, trivia:

«Si la tierra es un planeta y la luna un satélite, ¿qué es el sol?».

Si usted, gentil lectora, adivinó, mejor dicho, dedujo que es una *stella*, pues acertó. Si acaso pronunció Aldebarán, también atinó.

Otra interrogante:

«¿Para qué ocasión la *stella* de las mil máscaras se vistió de verde?».

Pulsé algo y de pronto saltan dos caritas simpaticonas:

«Hola 137, soy La Zerebro, al lado mi *deputy*, La Zerebellum. Toma el sobre amarillo que está a tu lado, ábrelo... como ves, tu residencial es el *Apolo Palacio #669*, además están las claves de tu *ALLK*, tus *Oakleys* y tu Verdiblanca. Arriba a la derecha pulsa en *tutorial*, repásalo con cuidado y después, cuando estés listo, nos comunicaremos contigo para entrevistarte. Cuestiones de rutina que, de paso sea dicho, con *curriculum* tan *nice*, cito: cadete sagaz, ataca la oportunidad cuando se presenta, aplicado, visionario, *team player*, serio, formal y diplomático... Te dejamos, tengo que correr, un compromiso me llama. Prontito pronto nos comunicaremos y recuerda: iniciativa – motivación – multitarea... chaucito».

~ b ~

Blandiendo el *ALLK* se abrieron todas las puertas y se deshicieron todos los obstáculos, inclusive me guio hasta mi *Apolo Palacio*. El portal cedió tan pronto me acerqué, no le di mucha atención, pues me entretuve con el tutorial de cómo operar el complicadísimo *ALLK* y sus infinitas funciones. Invertí mucho tiempo para aprender lo más básico del asunto: encendido, alarmas, agenda. A pesar de mis buenas intenciones de descifrar el mecanismo, dejé las instrucciones más complicadas para otra ocasión y me entretuve en *Encrucijada*, buscando los mejores sitios para la *aventureada* de vacacionar, para el reposo y la diversión y, desde luego, para las compras de los últimos modelos de ropas y maquillajes, de calzado y perfumes y joyas. En eso andaba cuando de pronto sonó la alarma, me recordó que en un *quickie* (instante) se iniciaría la entrevista. Despaché un usiavital[7], piqué unas teclas, aparecieron en la ventalla las simpaticonas. Inició La Zerebellum:

«*Ready?*».

«Para ustedes siempre estoy listo», recordé el consejo de mi tío Luis, que aconsejaba así responder a los superiores y a las damas. «Pero, denme un momento para acercarme un taruroxo». Mientras lo arrimaba ellas compararon sus bolsos: La Zerebellum un *Vuitton*, su diputada un *Gucci*; el calzado, ambas lucían *Blahnik*. Dejé que terminaran sus comparaciones.

«Listo».

«Te vamos a hacer unas *preguntalas*, disculpa, *questions*. ¿Cómo se dice *questions*?».

«Preguntas».

«Te recomiendo que antes de responder lo pienses, pero tampoco lo vayas a pensar mucho, no queremos que nos dejes la imagen de *wishy–washy*. En la vida, ante todo hay que ser resuelto, emprendedor, audaz, un *risk-taker*. Sólo así se trepa hasta la cima. ¿Qué piensas?».

«¿Les gusta trepar a ustedes?».

«Hasta la cúspide del éxito absoluto. Hay que conquistar las oportunidades que se presentan. Míranos, estamos *on top*. Desde aquí, todo lo capturamos. ¿Quién entiende la vida sin este instinto primordial: ¿trepar?».

«Puede que tengan razón».

---

7 Por *usia* se entiende que es la esencia artificial, por lo general mezclada con agua, de ahí: *usiacafe* es café; *usiachai* es té; también *usia* es sinónimo de café.

«La tenemos, la tenemos, que no quede duda alguna. Bueno vamos a empezar: uno: ¿Qué harías si fueras *premier*?».

«¿Del Konzortium?».

«¿Qué loco quisiera ser premier de otro *Enterprise* que no fuera éste?», interrumpe La Zerebro.

«Claro, claro, podría...», me volví a atorar; volví a recordar a mi tío Pedro: el prometer no empobrece... «piza, gaseosas y chocolates para todos los asocios, ustedes, desde luego, también incluidas», afirmo un tanto aliviado por parecerme una buena respuesta. Al verlas con cara de consternación, pronto enmiendo:

«Pues lo lógico amigas: la Regla de Oro, la Ley: crecer y multiplicarse, eficiencia y eficacia, reducir costos, aumentar ingresos, así aumento los míos y los de ustedes y los de nuestros asocios. En otras palabras, todos seremos felices».

«¡Excelente!, de seguir así vas a llegar lejos. Ahora la siguiente pregunta: ¿Qué harías con un millón de créditos (unidad monetaria)?».

«*A Kool million*. Ni más ni menos», asegundó La Zerebellum, redondeando los labios que llenó de *rouge* al pasarse el lápiz labial *Christian Louboutin*.

Me dejaron mudo. La intención es no pensarlo largo. Recordé el consejo de mi tío Andrés de no quedarse callado. En la batalla el silencio otorga. Para ganar tiempo, pues nunca me habían preguntado cosa tan complicada, opté por una salida lateral:

«¿Y... a quién debo tal magnificencia?».

«¿Eso qué es?».

«Generosidad».

«*Generosity? Come on nene*!, eso equivale a pedir limosna. Mejor encomiéndate a la suerte, ¿Qué tal si te lo ganaste en la *Lototodo*?, eso es, ya está».

«A claro... es muy posible, pero... no juego».

«No me digas. Es una verdadera lástima, te lo recomendamos».

Interrumpió La Zerebro:

«No hay nada mejor para ahuyentar el *streig* (*stress*) que comprarse un capricho, entre más caro, mejor o, jugar a la *Lototodo*, imagínate en un *uantutri* concluyen todas tus penas, a vivir los años dorados: paseando en *cruises* continentales, jugando golf en exclusivos *resorts* de la costa, tomando *slightly dirty martinis*, disfrutando lo mejor de la vida; bueno, entonces, qué tal si alguien, yo misma, *to pave your way*, *all the way* al éxito, te regalo un *token*, o bien, te lo ganaste en una de nuestras tantas rifas y sorteos y competencias».

«Es demasiado dinero para alguien siempre al borde de la *gillo* (bancarrota)».

«¿Y tu respuesta muñeco?».

«Me repiten la pregunta, porfa».

«Desde luego. Hay que darnos prisa, *it's getting late*», interrumpió La Zerebro. «¿Qué harías con un *kool million*?».

«Pues... le regalaría a un ser querido, a un amigo, no, no, mejor a ustedes mismas, ya que son tan generosas conmigo y visten tan elegante y desde luego, son tan hermosas...».

«*Thank you*».

«...Un *cruise down la Riviera*, con todo pagado, para que luzcan su *sheer* micro bikini *BR*».

«*My favorite* es un *Sheer Cheeky Bottom Micro Bikini*».

«Yo tengo uno», afirma risueña La Zerebellum, «*es tan modern*».

La Zerebro, un tanto desconcertada, mira su *Rolex Super Diamond*.

«Me parecen *weird* tus palabras», dijo no muy convencida, atendió el *ALLK*, «Se me hizo tarde».

Corrijo:

«Estoy bromeando. Esa cantidad pronto la multiplicaría, invirtiéndola en la Bolsa, acciones del K».

«Vaya, qué buena respuesta. Con esa manera de pensar vas a llegar alto, muy alto. Ponte de pie, mano en el cerebro repite: *Por voluntad propia soy asociado del Konzortium; por voluntad propia vivo en el Konzortium; por voluntad propia soy el Konzortium*. Aquí concluimos. *My deputy* se encontrará contigo en *Mill-granos to close the deal*. Felicidades y bienvenido al equipo, digo, al grupo».

~ 7 ~

Me dirijo a *Mill-granos*. Ya me espera La Zerebellum, me extiende su *ALLK*:

«Primero escucha y luego con el pulgar pulsa para aceptar».

El audio sale un tanto ruidoso, La Zerebellum merma el volumen:

Contract:

(a): Acepto arribar con prontitud a prima (inicio de labores).

(ai): arribar con cinco minutos o más de atraso, la primera vez: advertencia oral;

(aii): la segunda, advertencia por escrito;

(aiii): a la tercera: despido sumario.

(b): Acepto empuestarme a razón de X créditos per annum, pagaderos en veintiséis pagos, mismos que se abonarán a mi cuenta del ALLK.

(c): Juro jamás emprender acto perjudicial contra las instalaciones o personal del K.

(d): Presto reportaré cualquier amenaza externa.

(e): Entiendo que por mutuo acuerdo es posible finiquitar nuestra asociación; cualquier insubordinación o incumplimiento de las normas del contrato, de mi parte, también concluye nuestra asociación.

(ei): En tal caso prometo abandonar el K., no llevarme nada conmigo, al salir entregaré mi ALLK, mis Oakleys y mi jersey...

(f): Entiendo que tras descontar el monto total de mis obligaciones, se me remunerará lo pendiente en terros constantes y sonantes, et al... And may Godot help me.

Pulso, regreso el *ALLK*. La Zerebellum me toca la frente, edicta:

«Preséntate a la sabiduría a la hora *prima*. Felicidades hijo. Te espera una brillosa carrera en el KPSA. *Any doubts, just text me, anytime*».

«¿Es todo?».

«Así es hijo».

Fade out: Dúo de las flores[8].

---

8 *El dúo de las flores* de Leo Delives.

~ El satario (1907) ~

El sátiro

El satario

El sartorio

Solo para audiencias maduras.

Contiene escenas de naturaleza sexual.

TRÁILER DE LA PELÍCULA: EL SATARIO/EL SARTORIO (EL SÁTIRO): Sin preámbulos: seis ninfas desnudas retozan en la campiña argentina, cubana o mexicana. Entre la maleza aparece un fauno encuerao y bien dotado, ataca. En la huida, una ninfa cae desmayada, el cuernos de chivo se le echa encima y se la lleva para hacer de las suyas. Al principio ella como que se rehúsa, pero pronto se entrega a las sesentainueve cochinadas, incluyendo el can, trepar al potro y otras maniobras. Concluyen exhaustos, pero satisfechos. Regresan las cinco huidas y entre todas ahuyentan al cabro...

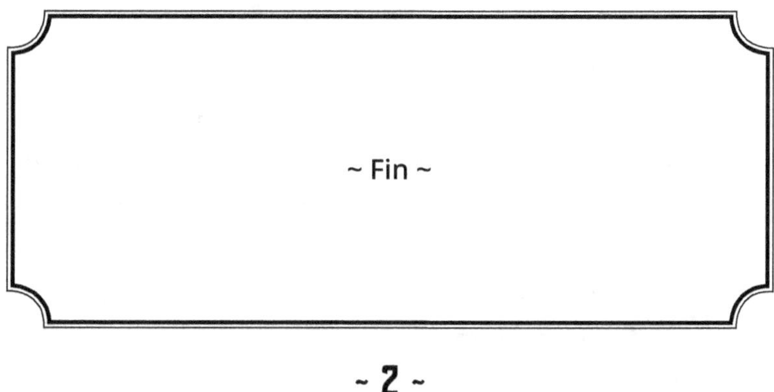

~ **2** ~

Fade in: Entra en foco, en plano americano, una mujer elegante.

Estaba por despedirme de La Zerebellum que atendía el *ALLK*, me hizo una seña que la esperara, esperé hasta que concluyó:

«Te invito...».

Se acercó aún más, el aroma me atrajo, lo atrapé con todos los pulmonares, me sedujo:

«¡Vaya fragancia!», expresé adormecido.

«*No. 19 Poudré Eau De Parfum*», expresó sonriente, miró alrededor, me tomó el brazo y me dijo al oído: «Te invito un *encuentro* en mi *Versailles*[1]». Enervado con el aroma, ingenuo acepté. Lejos estaba de imaginar que *encuentro* (a veces escuché la voz *postre*) en el parlar del Konzortium significa intimar sin compromiso alguno, ni resentimiento, ni postrer reproche. Entonces siguió con voz normal:

«Después te invito a un *training*».

«¿Dónde?».

«En el mero mero, El Tabernáculo de los Sueños». Nos despedimos.

~ 3 ~

Fade in: musicante: Trane; cancionista: Johnny Hartman.

Para el *relax* llegué al *Versailles* de La Zerebellum.

They say that falling in love is wonderful...

Entre la media luz brotaban sonidos que al pie de la ventalla se identificaban, pero no los alcancé a distinguir. Parpadeaban tres velas de cera virgen. Se acercó la Anfitriona, portaba un abreviado y *transparentoso Vagin Pouvoir of Impulse*. Por mi corto *curriculum*, limitado a ejercicios onanistas en la adolescencia, me fue imposible apartar la vista de las formas tras el sedoso; me tomó de las manos, cedí la batuta, en llamas me dejé llevar por ese juego.

«¿Te gusta?». Me dio un beso en la mejilla, entrecerró los ojos y creo le escuché decir: «*Trane*».

---

1 Una habitación de lujo, reservada para los lideres (sin acento). las habitaciones de los asocios (apolo palacio) son más modestas.

A touch of your hand is like heaven, a heaven that I've never known...

Me sacó del ensueño cuando me pasó una botella y una caja con un aparato descorchador. Como no lo había hecho antes, batallé, hasta que recordé una escena de un *micro* (video): *Cómo descorchar a la viuda*, o algo parecido. Con sumo cuidado quité el aluminio del pico de la botella, arrebaté el alambre y logré destaparla. Preparé dos copas y serví las estrellas del efervescente líquido del Konzorzio *Veuve Clicquot*. Fino choque de cristales *Waterford*. Me acomodé en un almohadón sobre una zalea de merino de las Antípodas. Me tendió una goma para mascar, ella tomó otra.

«Máscala, no te la vayas a tragar».

«¿Qué es?».

«Es *Venus*, nos inflama y me protege».

«¿Y eso para qué?».

«Espera cinco minutos».

Ella se ubicó a corta distancia. Acaso habría dado un par de sorbos al néctar de la viuda, cuando mi cuerpo entró en ebullición, me inflamó; la distancia entre nosotros se fue abreviando. De pronto, sin preámbulos, se arrebata el breve sedoso... Lo que no se quitó fue una *ankle bracelet* (pulsera que se lleva en el tobillo) de plata paladio. Al ver que me había llamado la atención, me ofreció su delicado pie, entonces pude leer el impreso: *Cane mangia cane*[2].

«Es lo que nos dan a todos los superiores del KPSA».

Recordé una lejana ocasión un *micro* en donde un masculino empieza a besar el pie de una femenina. El alargado y lento recorrido desemboca en el musgo (pubis), decidí imitarlo, ella cerró los ojos, se recostó y abrió los arcos. De los *Blue speakers* brincaron las siguientes frases:

———————————

2 El original: *Canis caninam non est*, en el sentido de: *Perro no come perro*; se atribuye a un caballero romano, Marco Terencio Varrón; la versión del KPSA cambia a *Perro come perro*, o sea, que en el Konzorzium, como en el amor y en la guerra, todo es válido.

1.   *¡Fuego, fuego, que me quemo*
que mi cabaña se abrasa!
¡Fuego, zagales (pastores), fuego, agua, agua!
¡Amor clemencia, que se abrasa el alma!

2.   *Me abro por fin a mi amante.*
Y mi amante eufórico penetra.
Me desvanecí del todo ante él[3].

Postre.

Se incorpora. Se asea. Se calza una bata *Cosabella*:

«Muñeco, se llegó la hora de marchar pues estoy agota–(bosteza)–da, y tengo un compromiso inapelable al primer tauroxo, *sí iu arraund*; tu-ru-lú», manda un besito aéreo.

«Tómate un miura».

«No hijo, tengo que estar bien despabilada, al miura1 me encuentro con los de arriba, la mera cúpula, rorro, no te puedo decir más, tú ya sabes, y si no, imagínalo. Pórtate bien para que figures y *thx* (gracias) por limpiar la mesa».

Comprendo sus intenciones, doy postrer sorbo a la copa, la ventalla dicta: *Smooth operator*: *Sade*. Me visto y me despido. Y aunque nos volvimos a ver, esa fue la primera y la única vez que nos encontramos en lujuriosas condiciones.

---

3 La primera cita de una probable obra perdida, *Don Galán*, también conocida como *El sevillano*. La segunda es de *Cantares* 5:4-5: versión moderna del impúdico Luzárraga. Compare con la más recatada versión judeoespañola de la Biblia de Ferrara (1553): *Mi querido tendió su mano por el horado, y mis entrañas rugieron.* (Nota del Anti-cuario: Una vez más se confunde el autor. Resulta imposible que la versión citada sea la de 1157 de los veintisiete libros del Nuevo Testamento del protestante Juan de Lizárraga. Su traducción es del griego al euskera [vasco], y se apoyó en la versión latina de Erasmo. La cita pertenece al *Cantar de los cantares, sendas del amor* de Jesús Luzárraga [2005]. Podrán juzgarnos de quisquillosos, cierto, pero no sólo se trata de una letra de diferencia, sino de cuatrocientos treinta y cuatro años, los cuales no son pocos).

~ 4 ~

Flashforward: En la Barbarie (BB); Noche: Sala de cine El Martirio. Interior, se apagan las luces: Film: *Caja de Pandora* (*MCMXXIX*):

Caja de Pandora
Variaciones sobre el tema
Frank Wedekinds
LULÚ

TRÁILER DE LA PELÍCULA: La milonga en la decadente Berlín, durante la desesperada era Weimar, la envidiarían *sodomos y gomorros*, inclusive nosotros, remedo de aprendices. Entonces floreció una Pandora. Aparece Louise Brooks, una maicera de *Kiansas*, libertina bailarina *cineactuante*, un tipo de Heléne, el rostro que provocó zarparan mil barcos de guerra[4]. *La Hechicera* sedujo a dos generaciones con su corte de pelo estilo *bob*, modelo que muchas pelonas de entonces copiaron. Unos la conocen como La Sirena, otros como Carmencita la Gitana, otros como Lulú, el escritor director espectador como *Pandora*. (Favor de no confundir con la curiosa del mito greco, la que por *fisgonear* dejó escapar por el mundo todas las penurias, carencias y enfermedades que nos aquejan). Esta trae los malditos males en su peinado, en sus ojos, en sus labios. Sus desplantes *deschavetan* (enloquecen) a todo el que tenga la osadía de alguna vez mirarla, aún de reojo; el atrevido acaba azotando redondito, víctima de la tentación de poseerla a cualquier precio. Es más, en las pistas del bailongo, no sólo los galanes, hasta las milongueras entonan: *Voy a perder* (¿voy?, ya perdí y volveré a

---

4 Helena de Troya (de Esparta), de acuerdo con el drama de Christopher Marlowe. Fuentes del posmodernismo lo atribuyen a un tal William Shakespeare.

perder) *la cabeza por tu amor, porqué tú eres agua, porqué yo soy fuego* (¿fuego?, candela, candela pura, mercurio) *y no nos comprendemos; la perdición de los hombres son las benditas mujeres: Money!: all they want is money*; hasta que una noche de tinieblas, ya en plena decadencia arrabalera, *Ya no sos ni Margarita, ahora te llamas Margot*[5], su cuerpo se cita con el puñal del que carnea a las londinenses (*Jack el Destripador*). Adiós mundo cruel: me diste *sexiness*, lana, placeres, casi todo.

Aguardando la promesa de felicidad el cuerpo se abolla, la cara se arruga, el maldito apetito jamás se sacia del todo: final infeliz.

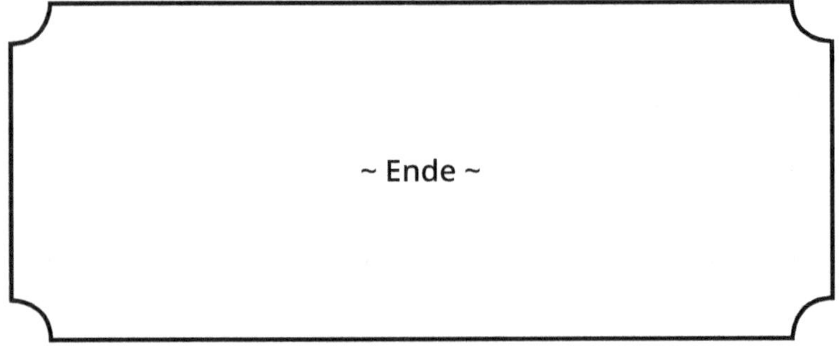

Encienden los foquillos tísicos.
«Vámonos».

---

5 Letra de dos canciones: *Voy a perder la cabeza por tu amor*; y *Los laureles*; una cita del film; y el tango *Margot*, con Edmundo Rivero.

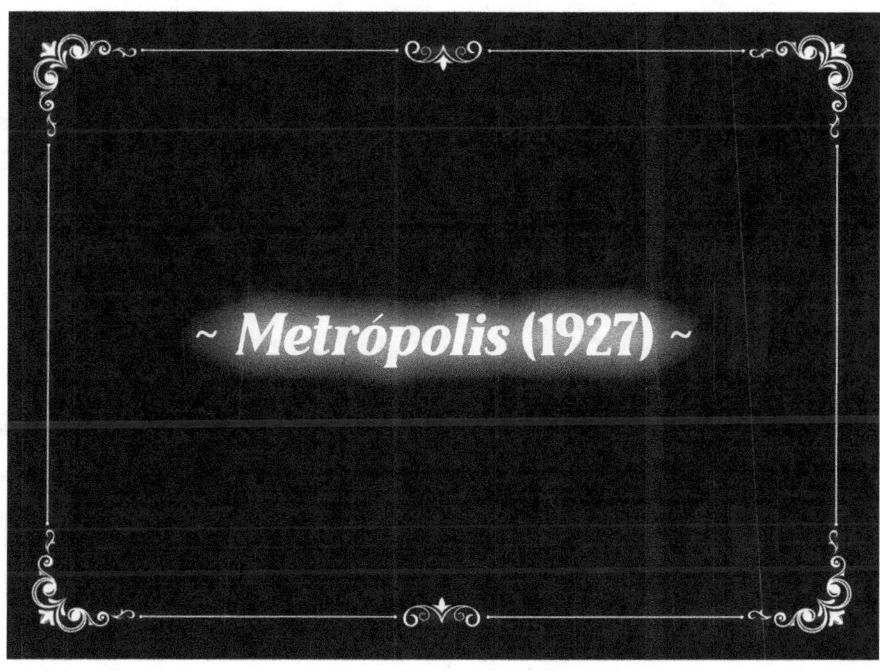

~ Metrópolis (1927) ~

Fade in: *Los Steroids* interpretan *Sonne*[1].

POR LA *PRINCEPS*[2] DEL TABERNÁCULO SE ALTERNAN EN VERTIGINOSA
sucesión, imágenes de:

Aristóteles,	Newton,	Einstein,	Jimbo[3],
Arquímedes,	Page,	Edison,	Morse,
Conté,	Ptolomeo,	Jobs,	Gates,
Ma,	Gutenberg,		Watt,
Servet,	Pascal,	Volta,	Bezos,
Turing,	Maradona,	Zuckerberg,	Marconi,

se detiene en el *Straight Shooter* por tres segundos y vuelven a repe-
tirse las imágenes enmarcadas dentro del omnipresente octágono. Se
eleva un rugido:

> *AHORA EN VIVO, EN RESPLANDECIENTE COLORIDO,*
> *SU ESPLENDOROSO, SU FABULOSO, SU COLOSAL,*
> *SU TABERNÁCULO (ROJO) DE LOS SUEÑOS.*

El imponente escenario repleto de músicos que *bienvenidean* con
estruendo trompetero, bastoneras, amazonas en paños abreviados que
ondulan kilométricos muslos, el encendido público en sonrientes lágrimas
de adulación, aplausos, rugidos. De las alturas, sobre una breve plataforma, desciende la imagen de La Zerebro con su aureola de *alma mater* y
la enorme réplica del Minotauro con sus ojos escarlata, bramando fuego.

Please teacher, teach me something[4].

Los gritos de *PTTS/PTTS/PTTS* se repiten al unánime aullido del
Tabernáculo. La Zerebro intenta varias veces calmar el desbocado en-

---

1 *Amanecer*, de *Así habló Zaratustra*, de Richard Strauss.

2 La pantalla más grande de cualquier recinto. No lo olviden.

3 Aunque se ha teorizado, Jimbo es el autor de *El libro de arena* (ELDA), es muy
probable que no lo sea, pero sí pudiese ser uno de sus editores tardíos o tempraneros.

4 De la película *Swing Time* con Fred Astaire y Ginger Rogers.

tusiasmo. Medio controlada la marea, se apagan las luces, un potente reflector enfoca en la Estrella, inclina la cabeza y hace el saludo de cuarenta grados (fascista) en honor del minotauro. Todos al unísono derrochan el desafiante ademán saludando al Cornudo y eufóricos entonan:

Cara al sol con la camisa del octágono...

Al concluir el homenaje, el Minotauro se eleva y se posa en su nicho en lo más alto del Tabernáculo. Se encienden las luces ambientales. Arranca La Zerebro con voz *altoparlanteada*:

«¿Cómo se la están pasando?».

«¡*Empeluchada*!», responde la euforia, luego en estruendoso unísono un costado del Tabernáculo:

¡KEI—PI—EZ—EI!

Responde el otro costado:

ZETA

Y así *ad nauseam*:

KEI—PI—EZ—EI
ZETA
KEI—PI—EZ—EI
ZETA ZETA...!

Hasta que con un ademán La Zerebro calma las violentísimas aguas.

«Ganancias comisiones bueno bono bueno superación elevación éxito rotundo», ya saltaba, ya sonreía, ya danzaba la danza de Ra y los elementos elementales.

Elemental mi estimado[5].

---

5 Las palabras que dijo el agente publicitario de Sherlock Holmes.

«Tómate un *usiavital*, triunfa triunfador salud y dinero, con esta pastillita pensarás correcto, vivirás feliz como yo. Puedes poseer con tan sólo proponértelo: *laquitaesencia*», tumulto; con el ademán acalla a los energizados. «Proyéctate piensa date obtén conquista posee cualquier cosa: La salud es tuya la felicidad es tuya tus más caros deseos vueltos en realidad con tan sólo desearlos hasta un elefante lila[6], si se te antoja».

Después asignó un *problemático* y prometió un valioso premio al que primero resolviera. Aturdido por tanta reverberación, tardé largo para pulsar todos los códigos en mi *ALLK* , mi vecino resolvió en un suspiro; levanta la mano, salta y corre con alegría infantil, tras el cotejo: «Correcto, aquí nuestro triunfador el gatillo más rápido del Oeste se adjudica...», saca del esplendoroso seno un sobre, se lo entrega, «Un viaje con todo, todo pagado a *Eche todas las canas al aire en detenga el tiempo en la tierra de la ilusión el encanto la diversión sin moderación: Topía*; y recuerda la moderación es para los *losers*; en *Topía* pasarás horas y horas y horas encantadas en las paradisiacas azulonas tibias playas *[faux]* de la Riviera; treparás a la Pirámide *[faux]* de Kukulkán...».

A una señal del púlpito las trompetas arrancan con *My One Way or the Highway*. Aplausos, gritos chispeantes, vuelve la estrella a pedir calma: «Ahora, para continuar», merma el alumbrado, la *Princeps* muestra una trivia (video): *Los inmortales*: uno jugaba golf, pero no era un golfo, aunque *El libro de arena* (ELDA)[7] dice todo lo contrario; otro,

---

6 A según la *Enciclopedia de sitios y seres fantásticos*, tales bichos existieron en un tiempo, pero fueron exterminados cuando la guerra fratricida; se especula que fue entonces que cayeron otros monstruos parecidos, entre ellos: el *Smilodon*, el Mamut, el Dodo, el Hombre de las nieves, el *Loch Ness*, la Llorona, el Pombero y el singular, *Cangallus* (can con prolongado pico de gallo); ya nadie los volvió a ver.

7 Antaño la biblioteca se fundió con los medios de comunicación y la Academia para forjar una corporación infinita. También conocida, entre los anticuarios, como *El libro de arena*.

en sus ocios gustaba hermanarse con los canes; otros con un terro[8] (unidad monetaria) en el bolsillo, acumuló miles de millones por montones, otro y otro y otro, todos triunfadores. «La misma oportunidad tenemos usted y yo y cualquier asocio, satisfacción felicidad riqueza al alcance de todos, todos, todos...».

Un *break* para sorber un usiavital que nos entregan las edecanes, a cambio de un *token* que nos dieron al iniciar la sesión. Retoma La Zerebro:

«Montos precios ingresos ganancias líquidas jugosas muchas ganancias más créditos en sus *ALLK* recuerden nunca lo olviden pagamos con créditos constantes y sonantes no-con-de-va-lua-dos co-chi-nos-mu-gro-sos terros».

Las edecanes entregan un paquete, adentro un jersey rojo, en el espaldar "KPSA" impreso en grandes letras negras en estilo *barrueco*[9], enfrente, al lado, por todo costado, un escudo octagonal en rojo.

«De pie todos, pónganse el jersey», espera, «mano en el estómago», espera, «repitan

¡KEI—PI—EZ—EI!».

La multitud responde enardecida:

¡ZETA!
¡KEI—PI—EZ—EI!
¡ZETA ZETA...!

---

8 Por complicado e irracional acuerdo, el cual trataré de aclarar; los valores dentro del Konzortium se denominan créditos, todo intercambio se hace a través del ALL; al salir a la Barbarie los créditos se intercambian por terros constantes y sonantes; existe otra manera de intercambio que es el trueque, este sólo se practica en la Barbarie; truecan (intercambian) un periodo de tiempo por otro. Una persona hace una labor a favor de otra, corresponde a la segunda reciprocar laborando el mismo tiempo que invirtió la primera persona.

9 Antes llamado *Old English*.

Bollywood, y del mayor konsortium de todos, el *EW*, las últimas versiones, aún calientitas de: *Viaje a las estrellas*, *Aventuras del Ratón Viejo*; *El agente secreto*; *El invencible*; *¿Te gusta el satélite?*, tenemos todos los canales del mundo con programación personalizada para todos los gustos: deportes, espectaculares espectáculos, teleteatro, trivia, nostalgia, juegos, diversión... ¿Tienes hambre?: una comida rapidísima en Central, una usiaensalada en *Arcadia*, una piza en el *Forno*, una usiaçai, un usiacoffee, un usiachai, tangoti, usiakhat, usiaguaraná en *Millgranos*; además, sí ha sido tu sueño tener un perfil griego, en la *Klinik*, cortesía de la casa, te esculpen el rostro perfecto, mírame —me acerca el seno a las narices—, sin olvidar el infinito par, la *Boutika* y el *Bazaar Segundo Hogar*. Ya conoces el estribillo:

> *Lo que no tiene la Boutika lo encuentra en el Bazaar y,*
> *lo que no hay en el Bazaar, le sobra a la Boutika.*

«¿Para qué quieres más que todo?, inclusive *all the jolts* que algún día se te antojaron. Pero lo más importante, aquí tenemos seguridad, allá afuera, en la Barbarie: si te va bien te asaltan, si te va mal te descuartizan para vender tus órganos vitales, te secuestran para pedir recompensa. Si por alguna *mission* tienes que ir a la Barbarie, pide escolta. Tú mismo ármate. Te advierto, portar *stunts*, están prohibidos en el Konzortium, pero si vas a la Barbarie, es obligatorio llevarlos. Se requiere que tomes un curso de su manejo. Aunque te lo prestan, *free of charge*, hay que reportar cualquier uso. Bueno, consejos inútiles, ya sé que ni siquiera te cruza la mente salir de aquí, pero vete al *relax* que se te cierran los ojos, rorro. Pero ya se me hizo tarde, me voy, chaucito che».

~ 5 ~

Al concluir y antes de dirigirme al *relax* paso por algún lado y pido algún líquido. Inmaculado el sitio, ventallas por todos lados, encima de cada mesa, en el respaldo y hasta en el asiento de las sillas: en unas, la contienda de hoy de *rollerball*, en otras, guerras, todavía en otras, incendios, rescates espectaculares, accidentes estrepitosos; nadie habla, atienden el *ALLK*. De pronto se suspende la contienda. En todas las ventallas irrumpe:

Plano Americano: La Zerebro en un *Babydoll y slip* de encaje:

«Kumulus, la nube terapéutica (colchón)...». En la ventalla la carita angelical de un cuerpito divino, tras diáfana mini bata, acaricia un *Ankara kedisi* (gato) de ojos impares... *«Arrulla todos los contornos de tu cuerpo y mima todos tus músculos asocio agotado, nada más reconfortante, nada repone del cansancio como una cita con Kumulus, para uso exclusivo de nuestros asocios...».*

Zoom out.

Me retiro a reponer (dormir). Entro en mi AP (Apolo Palacio), luz tenue: hay una mesita, una pequeña vitrina adentro: una *Cabbage Patch doll*, una *Pet Rock*, un *Rubik's Cube*, un *Tamagotchi*, *Spot*, *Peanut*, Elvis, He–Man, Palin, *Ninja Tortoise*, el Cabezón, la Monroe y el Trompas, todos figurines de plástico.

Aparte, un cenicero y un caballito[13] de *Topía*, una figura femenina de enormes senos y delicado pubis[14]. Poco a poco se encienden las cuatro paredes, vertidas en cuatro ventallas en distintas sintonías, ruidos de choques, gritos, carreras. Busco el botón para apagar el escándalo o al menos para mitigarlo, no lo encuentro, tomo el *ALLK*. Después de escuchar unas notas repetidas de Bach, me contesta la Auto:

«Asocio: Las ventallas son permanentes, si gustas reponer, las programamos, lo único que tienes que hacer es decir *Ensueño* o *Antípodas* y olvídate del resto».

---

13 Un pequeño cubo de cristal o plástico con capacidad para una onza líquida. Antes se usaba para medir bebidas alcohólicas; por lo general venían adornados. También conocido como *shot glass*.

14 Contrario a lo que pudiese pensarse, no se trata de la Venus de Willendorf. La figura no destila fecundidad, pero, *prurito* lujurioso.

Pronuncio la palabra mágica: *Antípodas*. Cambian las imágenes: toma aérea ofrece las plácidas playas de *Gordon's Bay*, pasean montes floridos, un acercamiento de un arroyito con su chorrito de agua, *panorámica* de un mar violeta claro, *travelling* de extensísimos campos de lavanda, *close-ups* de coloridas aves de arrulladores gorjeos, poco a poco, voy entrando, en trance, tomo el *Red*[15], la música tranquila me arrulla, una voz suave, sensual, lejana:

«Buen descanso y reconfortante reponer, la agenda te despertará al Miura1, qué te parece si te brindamos...». Una de las ventallas se recorre y aparece una camita individual. «...La nube terapéutica, *Kumulus*, para uso exclusivo de nuestros asocios». Los acordes de Bach se escuchan cada vez más lejanos...

~ ♭ ~

¿Repuse? ¿Midirepuse? No sé, me saca del confuso por demás confuso una música en ascendente, al alcanzar el altisonante, ya estoy despierto. Me *deslagaño*, veo la ventalla: *Stars and Stripes Forever*, ordeno concluir *repercusionazos y metalerazos*, cesa el estrépito, entra una voz, lo más sensual imaginable:

«Asocio: Es Miura1, parece que no te sientes bien, te recomendamos tomar una *blank*[16], asistir a *Sol* (Casa del Deporte) aquí cercano, un enjuague (baño) y una esencia antes de iniciar la cacería».

El *blank* pronto acelera la circulación, enfoca mi vista, listo estoy para enfrentar la jornada. En *Sol* corro en la pista estática, sudo, me doy un enjuague (baño) y sediento tomo mi primer elixir del día y me dirijo a mi *Station*.

El *ALLK* anuncia Miura3 (receso y alimento), me encamino a *Arcadia*, pido la *saladeluxe*, me atiende la auto. Los ingredientes son los

---

15 Antes conocidas como GABA (ácido gamma-aminobutírico), *downers* o *coloradas*; el mejor remedio para conciliar el sueño.

16 *Uppers* o güeras: para estar alerta y fogoso.

más hermosos que había visto desde aquel lejano escape a la hortaliza: tomates rojos, redondos, sin mácula alguna, cebollas esferas perfectísimas, les hinqué un diente presuroso, tomo el siguiente elixir del día.

El *ALLK* pregona la Nona (fin de jornada) es hora de VV (videovida), pero no me dirijo a *Virtualia*, en donde están probando los últimos avances. Pronto me siento agotado, voy a mi AP y me desplomo.

Al siguiente *Start* (inicia jornada) me incorporo y me dirijo a *Millgranos*, me imagino que durante el reposo repetía una palabra por demás rara, sin intención la expreso.

«*Espresso*», no me entiende la Auto, corrijo:

«*Usiabuna*», la Auto me atiende puestísimo, bebo el brebaje de *malagana*.

~ 7 ~

Así pasó el tiempo, tanto tiempo. Iba al *Cinex*, iba a las diversiones patrocinadas por el KPSA, jueguitos, películas accionadas, grandes comilonas, fui al dentista, me arrebató todas las muelas del juicio; desafortunado de mí, mejor hubiera perdido un brazo.

Un diente vale más que un diamante.

A menudo, a través del *ALLK*, consulté al doctor virtual en exámenes de rutina; siempre recomendaba invertir más tiempo en *Virtualia* y doblar la cantidad de *miuras*. Cada *holiday* fui al Tabernáculo a ver juegos virtuales de *rollerball* de mis verdes. Me ponía mi camiseta verdiblanca, me aprendí los cánticos. No me perdí un espectáculo, pues me conseguí un abono vitalicio, también tomé varios cursillos virtuales, *al vapour*, en la *Académie*:

1. *Cómo enriquecer y comprar castillo, Rolls, antigüedades y casarse con una vikinga oro bruñido.*

2.   *Juegue, diviértase y gane en el casino más grande del mundo.*

3.   *Cómo comprar la felicidad.*

4.   *Abuelo mujik (desposeído), padre mendigo, hijo multimillonario: cómo lograrlo en tres pasos.*

5.   *El mito de los seis millones.*

6.   *Mi dilatado paseo en un OVNI.*

7.   *Kwep, kapnos, kupido[17].*

~ 8 ~

Flashforward: Cine El Martirio. Interior: cinta: *Metrópolis*: se hace la noche:

Metrópolis

Cerebro - Manos - Corazón[1]

Director: Fritz Lang

Manuscrito: (novela de) Thea von Harbou

---

1 El mediador entre el cerebro y las manos es el corazón.

AVANCE: En *La Madre* de todas las ciudades érase una vez una sociedad parecida a la nuestra: al fondo los muertos en las catacumbas y la ciudad de los trabajadores y, en la cumbre, el Club de los Hijos (de los patrones) con sus salones de lecturas y bibliotecas, teatros y estadios, y su jardín de las delicias para que los juniors se entreguen a juegos frívolos. Hay dos líderes, María la buena, la cristera, apela a la hermandad; y María el robot, *la femme fatale*, apela a los bajos instintos y lleva al colectivo a una orgía de destrucción. Obrero y patrón la chocan pero, el futuro de la humanidad es incierto, el de la película, garantizado está.

---

17   Probable versión de un libro apócrifo, conocido como *Kama Sutra*: obligación, prosperidad, placer.

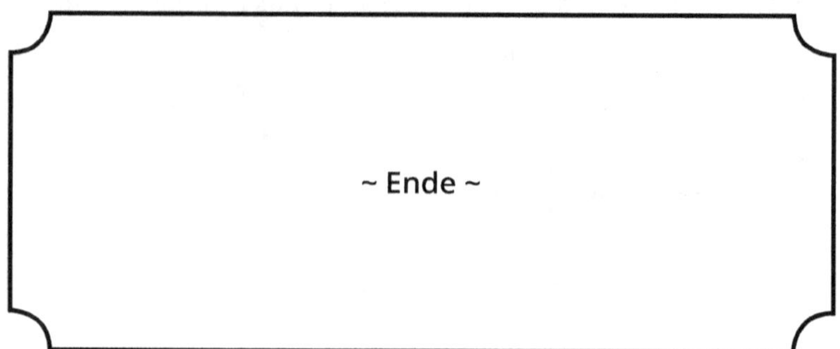
~ Ende ~

~ Viaje a la luna (1902);
Häxan (1922) ~

UANDO AJUSTÉ CINCO AÑOS DE ASOCIO SIN SALIR DEL KPSA, RECIBÍ un mensaje en mi *ALLK*. Me informaba que, gracias a mi dedicación, me adjudicaba un paseo al Área 51, también conocida como *Topía: Eche todas las canas al aire en detenga el tiempo en la tierra de la ilusión, el encanto, la diversión sin moderación*. Todo fue tan vertiginoso que no me quedan muchas remembranzas del viaje[1].

Salí por vez primera del KPSA. Un pelotón de soldados vigilantes nos encaminó al helipuerto cercano. El viaje fue sin contratiempo. Llegamos a *Topía*. Nos recibieron con las medidas de seguridad de rigor y unas edecanes con cervezas *steel reserve high gravity*. Mis acompañantes estaban en éxtasis, como si se tratara de arribar a la ya cercana inmortalidad. Corrieron poseídos admirando la pirámide del Templo de Kukulkán (*faux*), sacaban placas y más placas: del Everest (*faux*), del Sipapuni (*faux*), del Amazonas (*faux*) y las archivaban en su *ALLK*.

«La pirámide está hecha a la misma escala que el original», informó La Zerebro, guía de la expedición.

«¿Y el original, existe todavía?», pregunté.

«Creo que sí, pero no sabría decirte con certeza, espera», pulsa el *ALLK*, «parece que ya no, dice así: "Algunos turistas inocentes se resbalaron y murieron. Al parecer, primero prohibieron escalar, la enterró la maleza, el tiempo, el polvo y el olvido". Vaya manera tan estúpida de escribir. *Anyway*, esto aumenta el valor de nuestro *monument*. Y todavía que existiera el original, qué *simpleton* quiere desplazarse hasta la Barbarie para ver lo que puede ver aquí con todas las comodidades. Además, se evita la molestia de moscas y mosquitos y basura y hordas de sicarios y ladrones y de vendedores de baratijas y de niños chillando. El nuestro no tiene esa horrible cabeza de dragón. Atrévete a subir, apenas son noventa y un peldaños, miserables treinta y dos *yards* de altura. Puedes trepar las veces que quieras, corriendo si lo deseas, tiene

---

1 El título original de este apartado era el dilatado: Viaje al Castillo en Topía, zona de auténticas reproducciones; faux (copia) del Templo de Kukulkán, original en Chichén Itzá, ya desaparecido.

un pasamanos de aluminio pulido y cada escalón, cinta antideslizante color amarillo y negro y, lo mejor, un bar bien surtido en la *cherry* (arriba). Sólo le cambiamos una cosa, no le pusimos los espantosos cráneos humanos que el original tenía por todas partes; mira nada más esta belleza, son *faxes* (copias) en plástico, que superan, con creces, el original. Si enfocas, verás *symbols* de los diferentes konzorzios que patrocinaron la construcción y cuyos asocios tienen derecho a escalarla; al subir te tomas una *selfie* y perteneces al exclusivo club. Mira, por ejemplo, ahí está nuestro octágono, dentro KPSA, ¿lo ves? Te reto a ver quién llega primero».

Por más que me esforcé, pronto me quedé sin aliento. En la *cherry* ya me esperaba La Zerebro, me pasó una *steel reserve*, la desinflé de prolongados sorbos, me dio otra.

«Vas a tener que hacer más ejercicio. Te voy a recomendar un excelente *personal trainer* y después un *life coach*. Tienes que superarte».

Vi a mis semejantes, como ellos apuré la segunda lata, me tomé una *selfie* y bajé con cuidado, agarrándome al pasamanos.

~ 2 ~

De ahí nos llevaron a un comedor con todo en enormes cantidades, nos convidaron a tomar cuando quisiéramos: tomé una plataforma (charola) puse cuatro contenedores planos (platos) encima y los llené de *casserols* recalentadas, me llevé tres *steel reserves* y comí y comí, bebí y bebí hasta que me sentí mal, fui al retrete y vomité. Iba casi arrastrándome de regreso a mi mesa para comer más, se acercó La Zerebro, estampó mi brazo con un número, no sé cómo llegué hasta mi claustro, puse la mano sobre la puerta, se abrió como por arte de magia, me desplomé. En esa ocasión no necesité *red* para conciliar el sueño.

~ 3 ~

La siguiente jornada, tras otra comilitona, nos llevaron al refugio VV, toda clase de juegos virtuales. Había unos para reventar contrarios con dilatados e ingeniosos vaticanos (medievales) métodos de tortura, pronto me aburrí de la lentitud del *tripalium*, del *potro*, del *empalamiento doble*, del *garrote*, inclusive hasta de la *dekapitadora* (guillotina)[2]. Me atrajo un juego que entonces desconocía: *El Conquistador Épico* (CID).

La competencia es entre dos equipos. Soy el capitán del primero. Para llevar a cabo la Empresa, se requiere elegir, entrevistar y contratar una tercia de mercenarios. Hay que ser selectos, se prefieren fieles, obedientes y experimentados, con buen pulso y que odien al enemigo. Montados, yo sobre un soberbio *cremello* de ojos azules, portando reatas, nos mezclamos entre la multitud en busca del rival. Después de un rato lo ubico, un abisinio con *kandura* (túnica), lo someto, le ato la mano derecha, mis asocios le amarran las otras tres extremidades. Liamos la cuerda a la silla de montar. Doy el *Santiago* y picamos *espuelas*[3], los potros arrancan en las cuatro direcciones. El enemigo queda descuartizado.

Para la cacería del segundo contrincante, monto un prieto mojino nervioso, ejecutamos a un extranjero con turbante.

Para arremeter al tercer enemigo elijo un bayo, atrapamos al *otro* (emigrante con sombrero), lo soltamos y le *cuchileamos* la jauría de *pit bulls* hambreados.

Para la persecución del cuarto cabalgo un moro, rastreamos a un mahometano con fez rojo (sombrero musulmán)... Ganamos la contienda.

---

2 Anticuados y poco efectivos métodos de aniquilar al enemigo o al culpable: Tripalium: atarlo con tres palos e incinerarlo; Potro: Dislocarlo o desmembrarlo; Empalamiento doble: introducirle palos por entre ambos costados; Garrote: desnucarlo; Guillotina: decapitarlo. Aquí el narrador se equivoca, confunde la guillotina con la Halifax Gibbet, una auténtica decapitadora.

3 Grito de Guerra. Las espuelas son un pico con que se azuza a los caballos para que apuren la carrera.

Ya aburrido no quise repetir y pasé a entretenerme vaporizando enemigos con auténticos vértigos láser. Exhausto tomo un descanso, apuro dos *steel reserve* y prolongo el vértigo, pues me resulta imposible parar:

1. *De un tajo de su cimitarra ensangrentada descoció al traidor desde el ombligo hasta las quijadas; la cabeza la colgó en un palo (Macbeth).*

2. *Rauda voló la lanza de Agamenón, el casco de bronce fue incapaz de detenerla, la punta de metal atravesó el cráneo enemigo, explotaron los sesos y quedaron embadurnados en todo el casco... De un tajo certero decapitó a otro, la cabeza rodó como un leño, el cuello hecho trizas (Ilíada).*

A mi alrededor se multiplicaban ensangrentados cuerpos inertes sin cuenta. De pronto, la rabia, el sudor y el cansancio me detuvieron. Tomo un refrigerio. Cierro los ojos unos instantes, imposible dejar de jugar, imposible dejar de aniquilar y mutilar y decapitar...

3. *Lo importante es que rija la violencia y no las serviles timideces cristianas (Borges).*

~ **4** ~

Así vivía mi vida sin mayores contratiempos cuando...

Flashforward: El Martirio. Interior. Noche fría. Se apagan las luces; película: *Viaje a la luna*.

Viaje a la luna (1902)

en color

Georges Méliès.

~ Ende ~

Cierra la velada con:

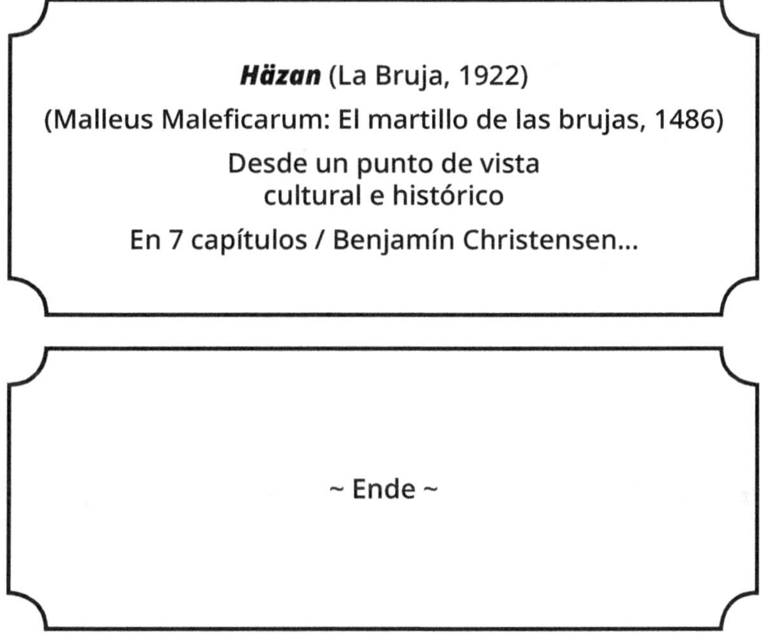

Häzan (La Bruja, 1922)

(Malleus Maleficarum: El martillo de las brujas, 1486)

Desde un punto de vista
cultural e histórico

En 7 capítulos / Benjamín Christensen...

~ Ende ~

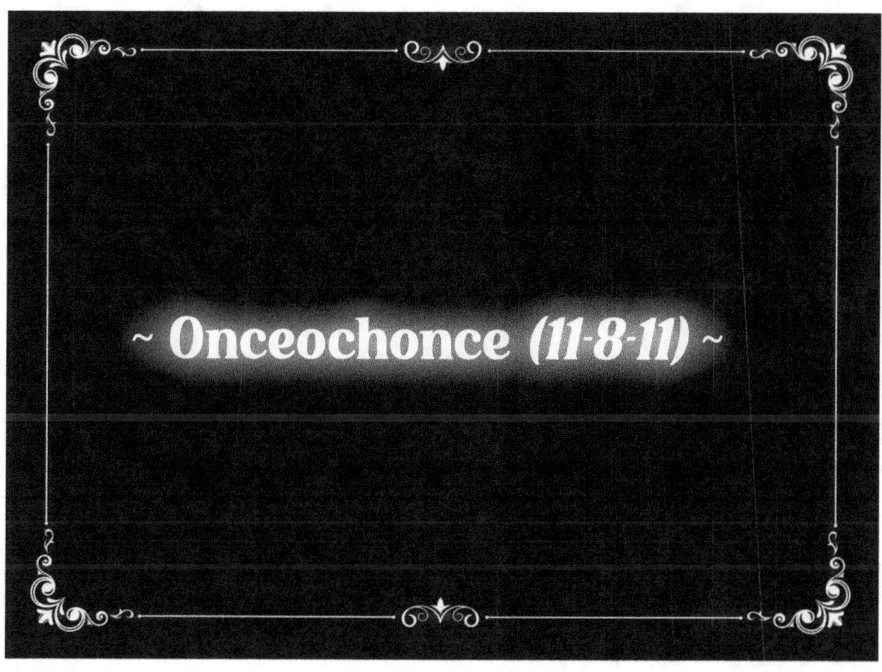

~ Onceochonce (11-8-11) ~

L REGRESAR DE *Topía en Mill-granos* CONOCÍ A *11-8-11*; MI vida ya no fue lo mismo.

Me saludó la Auto, me dio una usia, la ventalla me advirtió que se descontaron créditos de mi cuenta corriente: «¿Está de acuerdo?», consentí, me ubico, a mi lado una asocia aporrea el *ALLK* y maldice.

Irrumpe la cara de La Zerebro en todas las ventallas, nadie pone atención, todos atienden el *ALLK*:

«A través del tiempo, la humanidad, en su ignorancia, abusó de distintos químicos para energizar su miserable existencia y fortalecer su enclenque y delicada consistencia: café corn syrup zumos gaseosos y otros complejos más complicados y peligrosos propagaron males como la pereza la obesidad la indulgencia y similares. Hoy ya no hay que apelar a anticuadas y contraproducentes costumbres; por fin arribamos a lo que los salvajes llamaban la gloria el edén o el cielo, nosotros más certeros le llamamos: FELICIDAD; les presento el Elixirvital, la única substancia ciento diez por ciento natural, la única que te energetiza no daña tu organismo ni entorpece tus aptitudes ni muda tu carácter. El Elixirvital, ahora disponible a precio reducido con exclusividad a todos los asociados del KPSA, tome uno tome dos tome tome tome...»

Vi en la siguiente micromesa una candelilla (veladora), al verme que la fisgaba, la dueña dijo:

«Es de cera». Todavía alarga la disputa con el *ALLK*. Cuando estaba por marcharme, señaló que la esperara, concluyó, fijó su vista en mí. «Pero si eres mi asocio, si no me equivoco, vives al lado de mi Versailles. Soy *11-8-11* y me dedico a las relaciones exteriores, ¿te gustan las velas de cera?».

Dije que sí por decir algo, pensé que todas las velas eran de cera, pues la única que había visto fue en *El libro de arena* (ELDA)[1]. No salía

---

1 El Narrador miente o no recuerda, pues ya la vio en el Versailles de La Zerebellum.

de mi asombro, una asocia hablando tanto, además, me miraba directo a los ojos.

«Te preguntarás, ¿por qué te miro directo?».

«Cierto, me incomoda».

«Somos romanos afines». Me quedé pensando.

«Romanos afines», balbuceé. Entonces tenía una capacidad que los años pronto me arrebataron, si repetía una palabra o una frase no la olvidaba, después, con calma la consultaba en ELDA: (romano > romero > peregrino > comicon-ero). Cambié el tema: «El otro día te vi salir a la Barbarie, qué suerte, no tienes que estar umbilicada».

«No, chatito, salgo todos los días, es más», susurró a mi oído, «muchas veces ni regreso; es mi trabajo. Soy embajadora. Resuelvo problemas que pasan entre el K y la Barbarie».

«¿Cuáles problemas?».

«Bueno, como los lideres (sin acento) no salen, pues tienen miedo, yo los mantengo al tanto del vaivén afuera. A veces sabotean nuestras instalaciones, pero por lo general hay paz. También me informo con nuestros espías, recaudo datos de asocios que se han separado de nosotros y se consideran problemáticos, dos en particular, un *advocatus diaboli* (abogado del diablo) y una musicante, no te puedo decir más». Atendió al *ALLK*, antes de marcharse: «Pasa por mi *Versailles*, estaré más tarde».

Al concluir la inversión (labor), entusiasta salí casi corriendo, me dirigí al *Versailles* de *11-8-11*. Era el doble de tamaño que el mío, aunque de la misma altura. Imposible no enterarse que las pantallas estaban apagadas, de las paredes emanaba la música más bella y tranquila que había escuchado. *11-8-11* tenía los ojos cerrados, ardía una veladora en una esquina; con una seña ademán me indicó acomodarme, me lanzó un ánfora, la acaricié, la olfateé, le di un sorbo y la dejé sobre mi pecho, que sintió una flamita descender.

Doce kilos de uva, esencia de todos los viñedos de la Laguna algodonera.

Me recosté en un almohadón, entrecerré los ojos, me fui adormeciendo con el *Doce kilos*, la música, el aroma melifluo.

Sentí que el cansancio me abandonaba, que los sinsabores, las prisas, los descalabros, las tensiones acumuladas en el cuello, frente a tanta placidez, se desvanecían: anduve, volé.

Al concluir la música vi en la pantalla que se trataba de la melodía 3.15.132: *Heiliger Dankgesang eines Genesenen an die Gottheit*[2].

«¡Sublime!», expresó *11-8-11*. Vi que tanto ella como yo nos secamos las lágrimas. «Pásame el ánfora», le dio un trago largo y me la pasó, hice lo mismo. Interrumpió el *ALLK*, negoció por largo rato, esperé y esperé, por fin me dirigió palabra, «¿Te gustaría conocer la Barbarie?».

«Desde luego», le respondí, intentando apaciguar mi ansia.

«Es una vida más instintiva. Te voy a recomendar un buen contacto que allá tengo, deja ver», buscó en el *ALLK*, «aquí está, se llama Lala».

«Qué raro nombre, ¿no tienen uno como nosotros?».

«No, allá tienen nombres excéntricos, de oro, de flores o de diosas. Espera razón de ella y ustedes se ponen de acuerdo», pasó de nuevo el ánfora, di un trago, antes de salir le pregunté:

«¿Y cómo le haces para apagar las pantallas y escuchar tan bella música?».

Se acercó y me susurró al oído una clave a pulsar en el *ALLK*.

«La próxima intimamos», se despidió.

Salí satisfecho.

Regresé a mi AP a reponer, me desplomé sobre *Kumulus*, ordené:

«Ensueño», merma la violencia de las ventallas, se suceden escenas pastoriles, pero no puedo reponer (dormir) por culpa del *Siete ki-*

---

2 Es probable, de acuerdo con una nota aparte, que se trata del III movimiento del mal nombrado cuarteto de cuerdas no. 15 opus 132, del Sordo Sagrado (aunque le corresponde el no. 13). «El agradecimiento a Dios de un convaleciente». El III movimiento, molto adagio, andante. Probable interpretación del Cuarteto de Alban Berg o del Budapest String Quartet o el Julliard. Desde luego que a ciencia cierta no se sabe, pero, por alguna razón, un presentimiento me indica que el último es el indicado.

los, me revuelco en el *Kumulus*, me incorporo. Pregunto a ELDA: «Significado de Peregrinos afines». Aparecen letras por la pantalla:

Peregrino: por andar largo camino, fuera de su tierra (véase desambiguación).

Peregrinos de Aztlán

Peregrinos y sus letras

Peregrinos del camino de Santiago

Peregrinos (Doce cuentos)

Peregrino eterno...

Tarda para darme la respuesta, por vez primera veo que no encuentra algo. Pierdo interés, me viene a la mente una frasecilla, sin ton ni son, que por ahí escuché. Ordeno un *aventour* (*Aventour*: lectura dramatizada por diferentes voces, tantas como personajes aparecen en la versión *princeps* del libro, acompañada de música y de imágenes photographicas, videographicas, inclusive con recreaciones realistas).

«Savia locura y loca sabiduría», varias posibilidades se ofrecen:

«¿*Editio princeps*?, *Velpius*...».

«*Velpius*», digo sin saber a dónde me lleva el juego. «Aumentar», se refleja en una ventalla, un campo seco, dos jinetes perdidos entre *wind turbines* gigantes (molinos), el esplendor de las letras:

Viajar vuelve a los hombres discretos...

Pronto dejé de tratar de interpretar, al primer nivel (lectura), los famosos veinticinco *symbolons*[3], apuro el *rosso* (somnífero) y poco a poco voy, poco a poco abismándome voy.

Aquí no viene nadie, aquí no viene nadie, aquí nunca jamás no viene nadie, nadie, nadie...

---

3   A saber: A (ahsa), B (bairkan), G (giba), D, E, Q, Z, H, TH, I, K, L, M, N, J, U, P, R, S, T, W, F, X, HW, O: «Ulfilas tomó dieciocho letras del alfabeto griego, cinco del rúnico, una del latino, otra no sé sabe de dónde, que tenía el valor de Q, y fabricó así la escritura que se llamó ulfilana y también maeso-gótica»: Borges.

~ 2 ~

TABERNA

En otra ocasión me propuso *11-8-11* encontrarnos en Taberna. Para allá me dirigí. Todas las ventallas del enorme *beerhall* encendidas. La ruidosa algarabía de las mesas donde los asocios celebraban: entre gritos, cerveza *High Steel Reserve* derramada, salchichas, papas, alitas de pollo biónico. De pronto todos callan y atienden con apuro el *ALLK*, mirando de reojo la *ventamax*. Alababan alguna pirueta destacada de los Verdes, las hazañas de los contrarios pasaban desapercibidas.

«¿Has estado aquí con anterioridad?».

«No, nunca».

«¿Qué te provoca, destilado o amargosa?».

«¿Y, eso, qué es?».

«Cerveza, la oferta es de mil, repito, mil distintas. ¿Cuál se te antoja?». Al ver que dudo: «si gustas un destilado, también hay oferta por montones».

«¿Cuál es tu favorito?».

«*Lagavulin 16*; *salty sea tang* (sabor marino)».

Yo que sólo había bebido *HSR*, ignoraba que existían otras opciones, lo pensé, pero me atoré.

«¿Quieres que te recomiende, destilado o amargosa?».

«Amargosa».

«Tienen *pale ale*, *India pale ale*, *imperial pale ale*, *abadía*, *saison*, *porter*, *stout*... Yo me inclino por el *vino d'orzo* (barleywine). ¿Quieres?». Afirmé con la cabeza. «Me gusta porque con dos copas merman mis malestares».

Aunque un tanto dulce y fuerte la disfruté. Admiré la barra. Dos cervezas de barril salían por un tubo, precisamente la que disfrutaba y la segunda que se identificaba con una corona dorada sobre las letras HB azuladas. Había, según me informé, quince cervezas fuertes más, entre ellas las que me mencionó *11-8-11*; el resto, 985, sí, novecientas ochenta y cinco, eran ligeras, rubias, pils, bocks, exports, crowns, verdes o especiales...

«¿Por qué sólo tienen *vino d'orzo* y *HB* de barril?», pregunté.

«Bueno, aunque no me lo creas, son las favoritas del *Straight Shooter*, he ahí la excepción, y como a mí me gusta lo mejor, pues... ¡Salud!», ligero choque musical de dos sudados globos cerveceros.

~ Aventour ~

PASÓ EL TIEMPO. UN DÍA ME ARRANCÓ LA ZEREBRO DE MI STATION.
En una ceremonia extraordinaria, premiaron a los socios que cumplieron veinticinco años de no abandonar el KPSA. A los afortunados les colgaron un distintivo de color, ellos en lágrimas lo agradecían cual si se les hubiese premiado con el diamante *Hope*. Tras un breve descanso para apurar un *miura supreme* y felicitar a los diplomados, le pedí un consejo a La Zerebro. Me citó en *Mill-granos*.

Le traspasé mi intención de salir a la Barbarie por una jornada. Me suplicó veinte veces que no lo hiciera o al menos que lo pensara, que lo meditara a profundidad; qué dirían de mí los asocios. Insistí.

«Piensa lo que vas a hacer. Piénsalo con cuidado, con mucho cuidado», entrecerró los ojos y respiró profundo tres veces, tomó un largo sorbo. «Espero mandes al *trash* (expulses) esas alocadas ideas tuyas, *are you crazy?*».

Quizá por vez primera la vi directo a sus ojos añil, en el cuello su octágono de plata paladio con la cabeza del minotauro.

«No he cambiado de parecer», y lo que no le dije, no fue tanto por salir a la Barbarie, pues no guardaba muchos deseos de abandonar el KPSA, mi deseo: conocer a Lala.

«Bueno, ya que insistes. El proceso es el siguiente, un examen sicométrico primero, después tramitas un pasaporte para abandonar».

«¿Por cuánto tiempo lo otorgan?».

«Una temporada. Si no hay contratiempo en forma auto te dan otro y así. Cuando abandones dile a los guardias a dónde vas, esperas un *casspir* que vaya con la misma dirección, ya cuando te hartes o te asustes o te aterrorices puedes regresar, espero que sea prontito, los convocas en el *ALLK*, van por ti. Una vez dentro de tu destino por ningún motivo salgas a la calle, sólo que se incendie el lugar donde te encuentres. Siempre quédate al lado de los guardias. Te repito, espero mandes estas locuras al *trash* y regreses a la realidad, eso sí te aseguro, no te van a quedar ganas de volver, es más, unos instantes afuera y te devuelves corriendo, después no me vayas a decir que no te advertí.

Suerte, la vas a necesitar y, ¡cuídate mucho! Me han dicho que es, ¡muy peligroso! Te recomiendo ordenar tus pendientes (testamentar). Desde luego que eres libre de hacer lo que te venga en gana, es más, hasta de ir a ese despiadado lugar del demonio cuantas veces quieras».

«¿Has salido alguna vez a la Barbarie?».

«¡Ni que estuviera loca!». Se marchó sin despedirse, dio media vuelta, «te recomiendo el documento, a ver, cómo se llama, creo que *Léxico* o algo así, te mando los *facts* en un *treat*».

<h1 style="text-align:center">~ 2 ~</h1>

A la primera oportunidad ordené:

«*Aventour Léxico (Brevis historia ad linguam barbarorum)*»[1].

«*¿Versión breve o extendida?*».

«Extendida», dije sin pensarlo.

Acordé a pagar la cantidad estipulada, la cual sería substraída de mi *ALLK*.

Pulso *Start*: «*Va a leer usted o gusta, para su conveniencia, que se lo leamos?*».

«Lea». Una voz sonora inició la lectura:

INTRODUCTOR SONORO: «*El Korzorcio le ofrece para su esparcimiento la Aventour Léxico, prepárese para un viaje a través de la palabra...*».

Se sucedieron variadas imágenes acompañadas de *La danza de los caballeros* de Prokofiev. La Victoria Alada, el Coliseo, la tragedia y la comedia, la esfinge, Sócrates, Arquímedes, la Muralla China, un molino de viento, la rueda, una bicicleta, un auto, un avión solar, Teotihuacán,

---

1 Nota del Anti-cuario: Les recuerdo que el tiempo de que se habla, dentro del K ya habían desaparecido los libros, reemplazado por oralidades, conocidas como *Ego cum graeco* (Comí con el greco [Platón]). Una dinámica plática a través del *ALLK*, ya breve ya extensa, presentada como si fueran capítulos de un libro y con título en latino, profusamente ilustrada con videos musicales. La versión aquí presentada sigue las reglas establecidas en el llamado período bárbaro, con un alfabeto de veintisiete letras.

la Torre Eiffel, da Vinci, un cohete en el espacio sideral, el *ALLK* y el coche autónomo.

«*Sus múltiples significados,*

Sus múltiples secretos...».

NARRADOR SONORO: «Por un tiempo hubo lo que se llamó lingua franca, que es un idioma o una forma de hablar, por lo general, la versión de la potencia mundial económica del momento. Se usaba para tratar entre gente que manejaba distintas formas dialectales o expresiones personales, pues conviene entenderse con quien se mercadea. Por mucho tiempo se usaron, entre otras: akkaditum, algarabía, aramí, pīnyīn, barrio, perricholo, lingua latina, d'oïl, wasichu, breve[2]*.*

«Por fortuna hoy en los Konzortiums el ALLK sirve para comunicarse en breve, pues los negocios y las comunicaciones importantes no se llevan frente a frente, todo se arregla a distancia.

«Fue en Paso del Norte, la Primera Barbarie, donde las lenguas de antes degeneraron en regionalismos y dificultaron la comunicación. Hoy resulta casi imposible entender a una persona de ahí, por fortuna poco tenemos que tratar con esos salvajes.

«Pongamos una frase de ejemplo. En una ocasión escuché a un juareñol decir: "Ya chupó faros". Después le escuché cuando en vez de 'faros' dijo: 'farotes'. Vamos, con paciencia, a analizar tal barrabasada:

«Uno: La acción (verbo), Chupar: se dice en sentido vulgar por extraer el jugo a algo, asustar, soportar, perder peso, beber (alcohol), fumar, detener, abusar, robar... ¡Vaya complicación! no hay un significado único y preciso como se requiere para evitar malentendidos.

«Dos: El objeto (sustantivo), Faro (pharus) se refiere a una torre con potente reflector para durante una tormenta guiar a los barcos que se acercan al puerto. Sin duda es la prototípica torre de piedra, construida en el tiempo mítico, considerada como maravilla: El Faro de Alex. (Hablamos de antes de la metrópolis vertical).

---

2 Acadio, árabe, arameo, chino, náhuatl, quechua, latino, normando, *English*, contemporáneo.

«¿Te gustaría saber más de esa mal llamada *"maravilla"* antigua?».
«Adelante».

~ 3 ~

VIDEO: En cámara veloz se construye, paso a paso, la estructura. Empieza a sonar una música extraña, aparecen en la ventalla instrumentos, se van identificando: aulos, tricordio, cítara, pandura.

NARRADOR SONORO: «*Según reconstrucciones E, basadas en los archivos, así como en las ruinas y los testimonios de los que lo vieron, además de un estudio de las técnicas entonces en boga: La base del Pharus de Alex era cuadriculada, encima una estructura octagonal y arriba una circular, de cereza (en el tope) una estatua del dios del mar (Poseidón)...*

«*De ahí que «chupar faros» pudiese referirse a que en la cima del Faro de Alex ardía un fuego que se reflejaba en un enorme espejo de bronce. La reflexión guiaba en la oscuridad y en las tormentas a los barcos a buen puerto. Esta es la explicación histórica*[3]. *Hay aún otras versiones del voquible "faro(s)"*».

VIDEO: Se escucha la música de un instrumento antiguo, "piano del pobre" (acordeón), en la ventalla aparece un masculino y una femenina, caminan del brazo, él habla: "¿Qué por qué chupo Faros? ¡Ah qué amigo tan preguntón! Fumo Faros por su sabor natural"».

NARRADOR SONORO: «*Al parecer en un tiempo existió una marca de cigarrillos Faros, otros le decían Faritos; hablo de la nefasta época cuando ese maldito vicio fue tan popular, después proscrito tras la epidemia pulmonar y abandonado en casi todas partes al conocerse el desbarrancadero (la larga y dolorosa agonía) que provocaba su arraigado abuso.*

---

3 Para que el lector se dé una idea de lo aquí tratado, le recomendamos visitar una réplica del Pharus de Alex, de ciento dieciocho metros de elevación, misma que pude visitar en Topía. Según los entendidos, es superior al pharus original pues, las escaleras han sido reemplazadas por un potente elevador que lo transporta de la base a la cereza en cuestión de segundos.

«*Cabe destacar que en nuestro Konzortium su consumo está estrictamente prohibido, pero no su propiedad. Nunca se criminalizó, ya que su uso casi desapareció por completo. En particular en la época del medis o medicina molecular, donde sentirse en juventud eterna y sonreír y caminar y correr y trepar, es la norma.*

«*La caja donde se guardaban los veinte cigarrillos portaba la imagen no de un faro sino de dos, con un masculino al lado. Como eran los cigarrillos más baratos no tenían filtro ni otros aditamentos que mitigaran los humos tóxicos del tabacco.* (Tabacco: En los tiempos irracionales, cuando se creía en una deidad todopoderosa, ese yerbajo fue considerado sagrado, se ofrecía a los seres superiores en ceremonias religiosas...)».

Aparece en la ventalla un antojo:

Faros: Veinte cigarrillos largos quince centavos.

NARRADOR SONORO: «*Se dice que los viciosos empedernidos, en la vil pobreza y ya cerca de la muerte, los consumían sin freno. De ahí, "ya chupó faros".*

ALTERNATIVA: «*"Ya chupó faros y se fue al cielo" o "al infierno", según el caso*[4], *equivalía a estar ya cerca de la muerte. Había una alternativa: "Ya chupó farotes", lo cual indicaba que el fin estaba aún más cercano, inclusive, ya muerta la persona.*

«*Hay una versión que por ahí cundió por mucho tiempo. Se dice que la expresión cobró popularidad durante la Guerra Civil*. Cuando un soldadero (soldado) estaba a punto de morir fusilado, se acostumbraba pedir, como último deseo, se les permitiese fumar un cigarrillo.* (*Guerra Civil: también conocida como Revolución; Fusilado: acción [verbo], Fusilar fue una vieja costumbre bestial donde varios cobardes armados, tras concederle postrer deseo, ejecutaban a un pobre desarmado, por lo general atado y con la cara cubierta).

«¿Le gustaría experimentar la conclusión del voquible *"faros"*?».

«Adelante».

---

4 En la mitología antigua todos creían que al morir el espíritu (alma) del justo volaba al descanso (cielo), la del injusto padecía castigos crueles y eternos en el infierno.

~ 4 ~

NARRADOR SONORO: La frase arriba descrita es un claro ejemplo del enredado laberinto que un voquible (voz, palabra) o una frase, crea, y la enorme confusión y malentendidos que desata. Además, se trunca el objetivo de parlar que consiste en comunicarse con otra persona, usando el menor número de palabras posible. Así se pierde menos tiempo y se evita cometer errores y aprovechar el corto tiempo para su designio sacro: el comercio y la acumulación de plusvalía. En nuestro Léxico incluimos, para su entretenimiento, otros ejemplos de la multiplicidad de significados de varios voquibles».

«Adelante».

«Sin duda, el más popular del descabellado hablar en la Barbarie, es la acción (verbo), "Chingar"; A pesar de estar casi prohibido como expresión pública, los estudiosos le atribuyen más de mil usos; participé en un complicado análisis del tema, lo que me autoriza a categóricamente afirmar que no se trata de una exageración.

«Otros voquibles vulgares con infinidad de significados son, las acciones (verbos): "fornicar", "alimentarse"; los objetos (sustantivos): "onanismo", "puta" y tantos y tantos más, pero no vamos a incomodarlos con tales irracionalidades. Además, rehusamos rebajarnos a tales bajezas.

«Antes de cerrar permítasenos un rodeo, ¿le gustaría escucharlo?».

«Adelante».

«Le dejamos en la categórica y sonora voz de...».

~ 5 ~

EL BACHILLER SONORO: «Hasta los expertos se equivocan cuando se atreven a afirmar lo imposible, la existencia de sinónimos, o sea diferentes voquibles para la misma cosa, es un craso error. Pongamos por ejemplo, uno: un detestable disco comestible llamado tortilla nahuatleca, un disco normal de algunas seis pulgadas de diámetro (favor de no confundir con la verdadera tortilla hecha de patatas y otros ingredientes).

«El vulgo también le llama 'gorda' o 'neja'. Inquirí y me ilustraron que se trata de un 'sinónimo' de 'tortilla'. Vaya barbarismo, permítanme aclarar las cosas. Es un yerro llamarles sinónimos, pues, dos: gorda es una tortilla nauhatleca gruesa; mientras que, tres: neja es una tortilla nahuatleca cenicienta, eso es que tiene ceniza, un polvillo fino que queda tras quemar leña de árbol o carbón. (Recuerden que un árbol es parecido a una antena de microondas, se usaba cortar en trozos y se le destinaba a dispares usos como muebles o bien como combustible).

«Vale la pena recordar que el carbón es un derivado que resta cuando se incinera un trozo de leña de árbol y toma una forma negruzca casi rocosa, lo cual produce un fuego más intenso.

«Todas estas explicaciones inútiles son, ya nos liberamos para siempre de los estragos y las tragedias que causaba el fuego; hoy todo se cocina en el micro. Inclusive hay una leyenda, la cual no tengo ni tiempo, ni espacio, ni inclinación para relatarles, de cómo un dios antiguo (Prometeo) obsequió el fuego a los hombres y del terrible castigo que le asignaron por tal atrevimiento. Los místicos, aparte de calentar sus alimentos y resguardarse de las bajas temperaturas, incineraron los bosques sagrados de árboles milenarios. Pero dejemos esto por la paz.

CONCLUIMOS: «Por lo tanto, afirmamos de la forma más categórica posible, que no hay sinónimos, sólo voquibles vecinos, hay que llamar a las cosas por su nombre correcto, pues nuestra intención es ilustrar, no enredar más un tema ya de por sí amelcochado. ¿Desea escuchar otros ejemplos?».

Pulso [esc].

~ b ~

Tardé una eternidad en tramitar el pasaporte. Se trata de insistir una y otra vez, no perder la paciencia, insistir, tal me había recomendado *11-8-11*. Todos los días, cortesía de La Zerebro, recibía en mi *ALLK* y en mi *Station* imágenes de miseria, de cadáveres colgados, decapitados, violentados, ríos de sangre, todos acompañados con el mensaje acostumbrado: «Anoche sucedió en la Barbarie». Una foto enfoca en una placa: *Se calcula que en estas fosas se encuentran diecisiete mil litros de restos humanos desintegrados en ácido.*

También venían fotos de huesos y dientes humanos y la advertencia: «Piénsalo bien. Abre los ojos. No seas caprichoso. No le hagas caso a esa loca de *11-8-11*, cuando la vea me las va a pagar, sin duda te hizo *brainwashed*».

Ante tanta crueldad, similar a los juegos VV, pero real, al principio me asusté. No estaba acostumbrado a tanta violencia tan irracional, tanto muerto pero, después de jugar tantos Videovidas como que me torné insensible, nada ni nadie desviaría mi propósito de salir a la Barbarie.

Un buen día el *ALLK* me notificó que me habían otorgado un pasaporte válido con las siguientes condiciones:

Primera: Portar el *ALLK* y no apartarme de él ni por un instante; cualquier infracción al reglamento vedaba futuros pasaportes con derecho a múltiples salidas;

Segunda: No divulgar nada, en lo absoluto, sobre el KPSA, pero eso sí, defenderlo cuando los bárbaros le llamen, con desdén: *El Divino, Los 9 Hoyos*, La Mina, Labores Forzadas, 1984, Un mundo feliz, Nosotros, Estado Único, el Tártaro,* etc. (*En referencia a un libro maldito, *La divina comedia,* donde se propone un infierno como terrible sitio de castigo por desvíos durante la vida del individuo).

Ese mismo día me apresuré a tomar el cursillo en el manejo de armas. A través del *ALLK* reservé un *stunt* para recogerlo a la salida del KPSA. Mentiría si dijera que no sentía un poco de miedo el abandonar de forma voluntaria el nido blindado, aunque en esos años me sentía casi inmortal. La noche después de lo que los antiguos llamaban la Natividad, otros la Nochebuena, hoy conocida como regalo, por fin escapé al *Dive Capita de Maxo Cabrío,* en donde quedé de encontrarme con Lala.

~ Lala ~

HUYÓ EL TIEMPO, ¿CUÁNTO?, NO SÉ, NO IMPORTA, DESPUÉS DE todo: ¿Qué es el tiempo? Una ficción, una sombra, una ilusión (Calderón); (Un camote, güey). Sobre todo, ahora que estamos tan cerca del sueño guajiro, ansioso, desesperado de cincuenta mil generaciones, por fin, al alcance de la mano: la inmortalidad.

Un día recibí un mensaje de Lala a través de *11-8-11*, me invitaba a encontrarme con ella en el *Dive Capita de Maxo Cabrío**, vaya nombrecito. Se apoderó de mí la inquietud. (**Dive*: bar [tugurio, antro] decrépito; *Capita*: en el idioma moribundo equivale a cabeza; *Maxo Cabrío*: un cornudo mitológico, pastor, seductor de ninfas, músico experto en la flauta y la lira, demonio; símbolo de la lujuria [ardor]).

¿Salir o no salir del KPSA? Cierto, no estaba prohibido, pero como que tampoco estaba bien visto. Sólo *11-8-11* se daba el lujo y se jactaba de pasearse, inclusive de vivir en los dos mundos. Lo desconocido tiene algo de atractivo, novedoso, pero también genera temor. Un lugar tan brutal como lo pintan, aunque, como dice *11-8-11*, no lo es tanto; hay que andar con cuidado, como en todas partes.

Nadie puede conocer un sitio por nosotros, hay que atreverse y forjarse su propia opinión y no depender de los rumores que por ahí se escuchan, ni en lo que dicen nuestros semejantes. Recuerdo que en un desahogo en *Topía* escuché a alguien catalogar a la Barbarie de fenomenal, un segundo afirmó que es toda una porquería. La verdad estará en un término medio. Imaginé independizarme de lo que aconsejan los superiores. Se dice que ellos tienen prohibido salir, aunque la ventalla que está en la entrada/salida deja bien claro, en la Carta de Derechos y Deberes, el 2º Artículo: Todo asocio: *'not only'* tiene la autonomía, pero inclusive el derecho de deambular por donde le dé la gana.

Decliné la invitación de Lala en un mensaje rápido.

Pero traía la imagen tatuada, por nada me abandonaba, hasta parece que soñé al bicho (cabro) *saltamonteando* entre las rocallosas rocas, diestro iba y venía, tragando cualquier yerba por más hedionda que fuera, después depositaba sus bolitas negras en cualquier lugar.

Hacía tanto calor, o al menos eso me pareció. No podía ser dentro del KPSA y su clima ambiental perfecto: setenta y cinco grados Fahrenheit (veintitrés punto treinta y tres grados centígrados). No fue un sueño, lo vi en *Natura* o quizás en *Antípodas* a través de la ventalla.

~ 2 ~

Remembranza de las Antípodas.

Claro, fue entonces, cuando todavía aparecía el sol por horas y horas, no como ahora que apenas, de vez en cuando, llega a vislumbrarse a través de las nubes de humo: Soy otro, acaso un niño acalorado, me refugio en la acequia de riego, me mojo, baño y refresco y juego con la bendita agua; ya cerca del mediodía me llaman a comer, entro en la casa del Campesino, me siento en la mesa al lado de mi Padrino, revolotean las moscas, los mocosos desnudos, brincando corriendo jugando con piedras y palos; en su pose de esfinge, los perros echados tratando de ignorarlos, espantándose el mosquero. La anfitriona me pasa un plato con un círculo blanco.

«Queso de chiva», me advierte, «a ver si le gusta».

Nunca lo había comido. No lo olvido. Lo recuerdo aún tantos ciclos posteriores.

Me acompaña el calorón de la Laguna Seca, con su queso, su acequia, sus trigales.

~ 3 ~

Al volver del recuerdo y, a pesar de tanta confusión, pensé que la visión fue un *aventour* por tierras lejanas, exóticas, costumbres desapareci-das[1]. Pudiese ser. Eso sí, imposible arrancarme dos sensaciones muy

---

1 Ciclopedia de sitios y seres fantásticos. No confundir con la Enciclopedia de seres fantasmagóricos.

vivas, más bien, dos pulsaciones internas que quizá experimenté en otra vida:

Una: Bajo el calorón, la frescura en mi piel gracias al remojo en la acequia rebosante de agua, que la potente bomba chupó de las entrañas y liberó en la superficie.

Dos: Lo salado del queso.

Ante tan viva memoria de agua y sol y sal, cedí, mudé de parecer. Fleté un correctivo aceptando la invitación.

Aquí convendría hablar un poco de Lala, pues se me ha acusado que escondo a mis personajes y que no doy suficientes detalles de ellos. Aunque no creo necesario; ya la conocerán.

<h3 style="text-align:center">~ 4 ~</h3>

Salí del Konzortium aquella primera vez. En la superficie luego noté moscas y mosquitos. Me habían aplicado un repelente antes de salir, pero todavía se atrevían y volaban a mi alrededor molestando. Una *machina* da luz verde:

«137, a razón de quince terros o créditos por uno, en múltiplos de diez, ¿cuántos te damos? Como socio activo, transacción sin comisión».

«Cinco cientos», ordeno. Me entrega un sobre con la cantidad estipulada, el *ALLK* me indica el monto descontado de mi cuenta: quinientos divididos por quince igual a treinta y tres punto treinta y tres. Presento mi permiso, todavía los guardias intentaron persuadirme.

«Es muy peligroso».

«¿Hay algún inconveniente?», les mostré mi visa mientras con la mano espantaba los bichos voladores.

«Ninguno». Me leyeron y me hicieron firmar un documento larguísimo, me facilitaron una *baretta stunt*: «Si le aplicaron *ddtx* antes de salir no se preocupe que los bichos no le picarán, además son inofensivos».

«¿A dónde le llevamos?».

«Al *Dive Capita de Maxo Cabrío*».

«Súbase».

El *casspir* rodó por un camino lleno de baches y basura.

Cuánto tiempo había pasado desde la última vez que estuve en la Barbarie, imposible precisar. Entonces casi no andaba gente por las calles, ahora repletas de desamparados, unos tirados en el piso, otros riñendo, la mayoría caminando sin rumbo, con la mirada perdida. Cruzamos por donde fue mi último compartimento, ahora un cascarón chamuscado, pasamos frente a un cuadro alambrado, patrullado por un armado y un can cuadriculado que feroz amenaza con engullirse al que por ahí se acercara; adentro, unas matas se levantan algunos treinta *centímetrones* del suelo.

«¿Qué son?», pregunté a mis acompañantes.

«Es el bosque».

Después pregunté al *ALLK*, la respuesta instantánea: «un vivero donde se experimenta con los estimadísimos y escasos flamboyanes bonsái».

No había señal alguna que indicara quién tiene prioridad en el camino, ni siquiera en las encrucijadas. Al acercarse a una esquina el *casspir* mermaba la velocidad, de por sí lenta, sonaba una campana de bronce (*faux*) para anunciar su presencia; innecesario, no transitaban otros rodantes ni se atravesaba la gente ni parecían darse por enterados de nuestra presencia. Antes de llegar los guardias se presentaron. Habló el de exagerada estatura musculada:

«¿Qué le parece la Barbarie?».

«Interesante», dije por decir cualquier cosa.

«¿No le asusta?».

«No, ya la conocía, aunque ya hace mucho tiempo que no andaba por aquí».

«Yo soy el Zamurai, aquí mi compañero», señalando al de los ojos casi cerrados, «el Zenturión». Me saludaron con el símbolo por ellos acostumbrado, levantando la siniestra, en la forma de un revólver que efectúa un disparo al aire. Me pasaron un trago fuerte.

«Lo encontramos en una cava secreta, con gusto le vendemos una botella a buen precio».

»¿Es usiabrandi?»

«No, es once kilogramos de vid del viñedo»[2].

El licor me calmó un poco pues, aunque aparentaba calma, el corazón me saltaba un tanto desbocado. Recordé que las bebidas espiritosas no estaban prohibidas dentro del KPSA. Nadie tomaba en público, lo hacían en la Taberna o en casa. Sin duda este bálsamo era de la misma fuente del que me invitó *11-8-11*. Mientras la chispa descendía por la garganta, me entretuve pensando en el último viñedo que vi. Al parecer se acabó por la contaminación del aire, pues había fogatas por todos lados. Interrumpió mi recuerdo un humaredón negruzco del canal lleno de desperdicios.

~ 5 ~

Recordé cuando mis tíos me llevaron a Sahuarita a ver el último viñedo del continente, ya entonces declarado tesoro de la humanidad en peligro de extinción. Recuerdo el alto precio de entrada y tampoco olvido que me atreví a robar una uva, no era dulce, era casi amarga, fue la última uva imperfecta que comí, pues las uvas cultivadas en el artificio que venden en el Bazaar del KPSA no cuentan.

~ 6 ~

Torcemos a una calle en pésimas condiciones, *Antañero* fue la principal. Los árboles enfrentan el tiempo. Queda huella de la espesura de trazos clásicos de casonas en declive, sin ventanales o con parches de madera; hogares algún día muy apetecibles, sin duda residencia de los principales: Verdaderos palacios de Apolo.

---

2 Tras una búsqueda exhaustiva frustrada, me atrevo proponer que por siete kilos de uva se refiere el autor a lo que antes llamaban brandy; por once kilos, el coñac.

En la esquina los guardias alistan sus armas. Cruza por la calle un viejo, no se percata de nada, ni de nadie. El *casspir* merma su marcha para no atropellarlo. La enorme casa de la esquina nos ubica: *Calle de los caídos*.

Hay gente en los cuatro costados, con cartones escritos a mano: En el primero, un canoso barbudo: *"Víctima de la guerra fratricida/Bellum omnium contra omnes»*. En la segunda esquina, un pelón con la cara tatuada: *"Víctima de la guerra de la violencia/Gutta cavat lapidem»*. En la tercera, una mujer con tres niños dormidos en un cartón sobre la banqueta: *"Víctimas de la guerra machista del comercio/mors certa, hora incerta"*. En la cuarta esquina, un joven se ve con más entusiasmo que los demás, mostrando el letrero, aceptando dádivas: *"Víctima de la guerra de la envidia/In cauda venenum"*[3].

Los guardias me acompañaron hasta la puerta del *Dive Capita de Maxo Cabrío*, custodiada por un He–Man (fortachón).

«Llámenos cuando quiera, pasamos por usted para regresarlo a La Mina».

«¿A dónde?»

«Disculpe, al *Consorshum*».

«¿Al KPSA?»

«Sí, sí, al mismo».

Adentro ya me esperaba Lala, nos saludamos. Por todos lados buscamos la testa del cabro, no la encontramos; nos conformamos con un tarro del alimento líquido que salvó a *Éire* de la hambruna: *Tucán Stout*[4]. Charlamos largo rato hasta que se inició la tocada. Llegaron otros dos *Tucan Stouts*, nos dijo la sonriente tabernera: «Los mandan de aquella mesa», tornamos a ver, tres mesas más allá, *11-8-11* muy bien acompañada, levantó el tarro y nos deseó paz, salud y larga vida.

---

3 1. Del filósofo Hobbe: *Warre of every one against every one*; La vida del humano, solitaria, pobre, lúgubre, brutal, breve; 2. frase de Ovidio, invita a insistir; 3. La muerte es cierta, la hora incierta; 4. El alacrán.

4 Pudiese ser que el *toucan stout* es el stout Guinness; Éire, el antiguo país de Irlanda.

Del *aperturamiento* de la noche mejor para el olvido, olvidar es lo mejor. El segundo acto, *Las Promesas del Ayer*, sacó a dos muchachillas blandiendo un bajo y una hija de *Rickenbacker*. De antemano pido mil disculpas; la sordera, lo corto de vista, la chochera y lo peor, la ignorancia, todas juntas me impiden afirmar si la guitarra era una hija de *Rickenbacker* o una *Strato*, o lo que sea, pero de que era una guitarra *eléctroniquera*, lo era. Las escuinclas rascaban con furia mientras un bufón aullaba con rabia y pasión: se arrastró por el suelo, pateó un ave de plástico, se tiró sobre una *aracne* inflada, del tamaño de un masculino gordo: «Mi mejor amiga», así nos la presentó.

Le siguió el escándalo de *Jellied Brainz* (*Mus Flambé*)[5], liderado por el tren desbocado de las repercusiones de Fast King Lui, que intercambió sonrisas por *Toucan Stouts* e insultó a todos; aulló: «Quiero morir antes de los veintisiete: Richie Valens (diecisiete), Buddy Holly (veintidós), Selena (veintitrés); o después: Asmahan (treinta y uno), Felipe Pirela (treinta y dos), Gilda (treinta y cinco). Qué aburrido petatearse (morir) a los veintisiete como Jones, Morrison, Joplin, Hendrix, Cobain, Winehouse... Montón de *drogos*». (Convendría aclarar, al parecer, pues no he encontrado datos confiables, se trata de unos músicos clásicos que murieron a esa edad; por qué la cantante o el compositor de *Mus Flambé*, ambos o él mismo, quieren morir antes o después, no queda claro).

Al concluir el *set* (tanda), el mismo King Lui, que ya conocía a Lala, pasó a saludarnos, lo invité a que nos acompañara. Posó su *stout* sobre la mesa, se presentó efusivo. Le pregunté y me informó sobre sus letras, tan interesantes, tan provocativas.

~ 7 ~

Flashforward: En otra ocasión el Benny trató el mismo tema.

---

5 Probable se trata de una enigmática agrupación musical, su fama se fundó en una ocasión que prometieron que iban a interpretar una canción en español y la seguimos esperando, sentados.

«El fatídico, cabalístico veintisiete igual a nueve por tres igual a tres por tres por tres, que lo dice todo para el que cree y nada al escéptico. Se trata de juglares de lo que antes se llamaba rock y ahora en el Hoyo se conoce como música clásica. Fueron intérpretes o ejecutantes que murieron cuando tenían veintisiete años, medida del tiempo de entonces. Hoy, abolidas las drogas y controlado el consumo de bebidas espirituosas, al menos en teoría nadie muere de alcoholismo ni de sobredosis».

«¿Qué es eso?»

«Es el abuso del consumo de bebidas embriagantes o drogas».

«¿Cómo el brandi?»

«Exacto,» sacó un ánfora de algún lado y me ofreció, le di un sorbo, me pareció un tanto fuerte, ahumado.

»¿De dónde la sacaste?»

«Tengo una amistad que lo fabrica».

«Pero si vi en Antípodas que ya no hay plantas».

«Le dicen sotol. En cuanto a plantas, sí hay, en otras latitudes».

«Entonces hay que exportar el producto».

«Exacto», ya me iba cuando me detuvo. «Le tengo un regalito», me entregó una veladora, «es de cera».

«¿De cera?, por ahí me enteré que ya no había abejas, ¿acaso son clones?»

«No, son abejas verdaderas, un día le enseño un enjambre». Me dio un ataque de felicidad, ya creía la especie desaparecida.

~ 8 ~

Pero me he adelantado, mil disculpas, permítanme volver, ¿en dónde estábamos? En el *Dive Capita de Maxo Cabrío*, un *sjebien*[6]. Ese primer encuentro me despedí de Lala. Pasé a pagar la cuenta con mi *ALLK*, me informaron no aceptaban pagos E, además ya todo estaba liquidado.

---

6 Voz afrikáans, se trata de un club medio clandestino.

Con el tiempo, gracias a Lala y al Benny, conocí otros destartalados y bulliciosos *shabeens*, entre ellos: *Donna Jean's Dive*: malamuerte, mamoplastia, música y cerveza; *Long's Dive*, música, cerveza, amontonadero y apeste a orín; *Ice House Dive*: hielo, música y buena cerveza, carera, desde luego...

Esa noche convoqué en mi *ALLK* al *casspir*, pronto pasaron por mí. Saludé a los guardianes, todavía me brindaron un sorbo más. Entré al KPSA. Me dirigí a mi AP. Me embriagó el aroma de la veladora, la encendí y me fui perdiendo en un arrullo para mi casi desconocido, lejano.

~ 9 ~

En las Antípodas: Con Tacho, Beto y Efrén y un enjambre de abejas todas alborotadas, revoloteando alrededor. Beto toma un triángulo de metal, lo toca con un fierro, las abejas se refugian en un árbol, las aprisionamos en un cajón. Ya en la cocina nos preparamos un pan francés con miel...

~ 10 ~

En mi duermevela me malhumora una endiablada chillería de chiquillos... Juanramón.

Desperté con un tenue sabor a miel, pensé que sonaba la música, pero no, todo pasó en mi mente. Ansié tomar el *rosso* acostumbrado, pero desistí. Mejor intenté recrear el bello ensueño, imposible. Ordené al *ALLK*:

«ID fuente de "endiablada chillería"».

«No son chiquillos, son pajarillos».

«Identificar y reproducir sus cánticos»:

Las aves que interrumpen el sueño del poeta: gorriones, charmarices, orioles, mirlos, golondrinas (Platero y yo).

«¿Y el canto?»

«Unos gorjean, otros pillan, otros gritan».

Mi desordenado pensamiento no puede precisar de dónde me vienen estas frases, del ELDA o de otra fuente, acaso alguien me lo dijo, probable que lo soñé, dizque: *El hombre inventó la música pues un día (después tildado de San Valentino) envidió el canto de las aves.*

Al parecer lo dijo el Griego.

~ 11 ~

Flashfoward: Un buen día, cuando ya conocía a Benny, propuso una película. «Para que se eduque *robotnik*, ya sabe, júntese conmigo, ahora al cine. Pero antes, deje le doy un consejo, me dijo Lala que esta es la segunda vista que ve, ¿Cierto?»

«Así es, la primera fue *Capullos rojos*».

«Tiene suerte *eslavo* (esclavo), se inició con la crema, con lo mejor. Mire hágase un favor, cada vista que se *descabeche*, escriba unas cuantas letras al respecto, así va guardando un récord de las que le ha tocado ver y de las que le faltan y, desde luego, de las que le gustan».

Entramos al Martirio, compramos las acostumbradas semillas.

Esta vista (film) es un experimento en la comunicación cinematográfica de hechos reales.

No admite guion, escenographía ni actores profesionales.

Huye de la narración y el naturalismo.

Este trabajo experimental es una búsqueda del Kino (cine) en su estado más puro, lejos de la influencia del teatro y la literatura[1].

---

1 Advertencia incluida en la película.

El hombre de la kinocámara entra y sale, se cuela y corre y casi vuela en busca de todo, entre todos, por todos lados. Pronto los tres espectadores, aparte de nosotros, se levantaron gritando: «¡Cácaro!», salieron escandalizando, demandando les devolvieran las entradas. La cámara sigue su vuelo, atestigua, captura la metrópolis en su efervescente efervescencia.

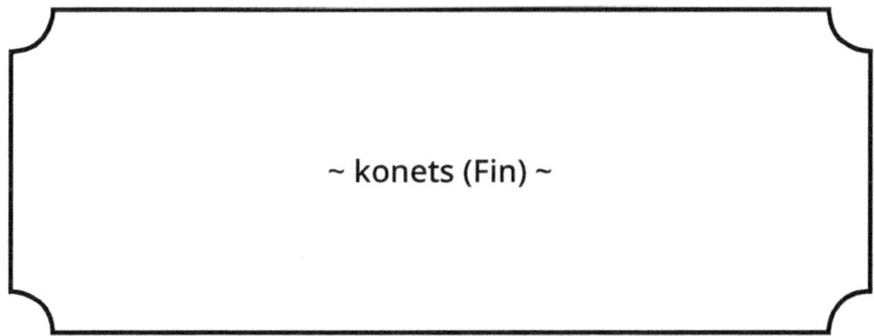

Al concluir salí enmarañado, no comprendí nada. Me pareció que antes, trabajar con máquinas debió ser brutal. La cinta me pareció sin pies ni cabeza, si acaso se trata de una historia de amor, *Meudeus, Virgencita, Santa Muerte*[7], (sin proponérmelo usé una expresión proscrita, favor de disculparme por tal atrevimiento).

Al parecer el Anti entendió mi confusión:

«Pues qué quería *androide*, que se corretearan en bólidos voladores, que se *apergollaran* (apercollaran) a balazos, que se masacraran en el campo de batalla, que pulverizaran campos y ciudades, que se vaporizaran en el lecho. Lo que pasa es que no ve *preso*, se trata de una oda al cuerpo humano, al atleta, al obrero, a la máquina que entonces prometía mitigar la miseria humana, todo al ritmo acelerado de la metrópolis, en el mágico idioma musical de la cámara que todo lo ve, cual dios griego (*deus ex machina < theos ek mēchanēs*), desde el nacimiento hasta el funeral, aquí no tan fúnebre».

Quedamos de volver para ver la *Caja de Pandora* (*Lulú*). Regresé al Konzortium en estado de confusión.

---

7 Al parecer una expresión única del Anti: Dios mío; por Virgencita se refiere a la de Guadalupe, uno de los símbolos universales de entonces, y a La Santa Muerte, una deidad tardía.

~ Ajenjo
(La bonne absinthe, 1899) ~

M E ADVIRTIÓ EL **ALLK** QUE **L**A **Z**EREBRO QUERÍA HABLAR CONMIGO ASAP (lo antes posible), me citaba al concluir el miura5 en *Mill-granos*.

La encontré, por vez primera, malhumorada. Apenas me señaló que me sentara y esperara pues atendía al *ALLK*. Estaba en su apogeo el torneo de *rollerball*, todas las ventallas mostraban el desafío del Laguna, el equipo del KPSA. Los gladiadores, con su camiseta verdiblanca, con el logo de K, de Kumulus, de la *Boutika*, del *Bazaar*, de la Taberna, de *Mill-granos*, del *Elixivital* en el pecho, en las mangas, en el espaldar. Todos los clientes atendían las ventallas con apenas una breve interrupción para gritar algo al *ALLK* y raudos volver. Al concluir la batalla anunciaron un segundo desafío a jugarse un tanto más tarde y aun un tercero.

Concluyó La Zerebro de atender el *ALLK*, se dirigió a mí con gravedad nunca antes manifestada. «Te voy a hacer una aclaración... No te lo tengo que decir, ya tú lo sabes, aquí todos somos auto», vio el *ALLK*... "Autónomos, libertos, libérrimos", lícito seguir nuestras inclinaciones, por más desviadas que sean, pero hay que guardar las apariencias. Esto no tengo que repetirlo, tú bien lo sabes, siempre tan diplomático. *I worry about you* (me preocupas), por eso te aclaro. Sabes que me simpatizaste desde que te entrevistamos *the first time, "we have a winner"* (este va a brillar), le dije a La Zerebellum, espero no equivocar–me. *I'm* A-1 para conocer a profundidad a cualquier asocio, con tan sólo fijar–me en su forma de andar. Te hago un *recomiendo*», entrecerró los ojos y suspiró profundo, «no vayas tanto, la Barbarie es–tan–*dangerous*».

No quise contradecir, cierto, no hay el orden al que estamos acostumbrados, ni la higiene, la gente es un tanto brusca, pero, me atrae, no puedo dejar de salir a la Barbarie.

«¿Acaso estoy violando alguna norma al salir?».

«¡Por favor! Ninguna». Entrecerró los ojos y respiró profundo tres veces. «Te voy a dar un consejo, vamos con calma», volvió a respirar profundo..., «a-cla-ro, no es necesario salir, aquí tenemos todo, todo en abundancia, ¿acaso no te sientes bien?, qué tal te caería un paseo a *Topía*, te la vas a pasar *relaxed*, bien, muy bien, te diviertes y regresas con hambre de conquistar, con concentración y *discipline* de samurái, *with the fury of the centurion*, con *abandon* de *hun*: y al que se te ponga enfrente a intentar desviarte de tu cometido, *squish him like a cacaroch* (*cockroach*). Así de fácil. Está por salir un viaje, con un poco de suerte te consigo un lugar con postre incluido».

Siguió hablando, pero ya no la escuché. Me imaginé en *Topía*. Me vi aburrido, me sentí un tonto, un inútil, un hipócrita, pues en realidad no disfrutaba y quedaba más vacío. Mis asocios sí disfrutaban a plenitud, con toda la intensidad de un niño en la playa, en el arroyo, en el potrero de las Antípodas; total entrega como frente al primer amor, esa difusa condición de la que tanto se habla y nadie conoce. Pacté, le dije que lo pensaría.

«Don't let me down. I trust you» (No me decepciones, confío en ti).

Salí de *Mill-granos* y me encaminé a mi AP. Me llegó una invitación de Lala[1]; quería presentarme a un amigo. Fue en esa memorable cita que conocí a Benny el Anticuario.

~ 2 ~

«Te va a divertir, es todo un personaje», me advirtió Lala.

Al principio me pareció un tanto antipático, agresivo. Estaba por saludarle cuando me importunó el *ALLK*.

«¡Apague el NADA, 137...!».

Con el tiempo me acostumbré a deshabilitar el *ALLK* al salir del Konzortium. Bueno, lo ponía en SATÉLITE, así desde el KPSA bien podían ubicar mi posición.

«...Odio esos malditos aparatos. Pero entiendo que usted, como buen *esclavo* (con esta y otras palabras parecidas me llamaba), de la

---

1 En la Barbarie cualquiera que desee comunicarse con algún asocio en el K solicita el favor a la *11-8-11*, esta lo transmite por su *ALLK*.

Mina, se ve obligado a *umbilicarse* a él», me dijo con rencor, antes de acercarse y tenderme la mano en el saludo norteño: un fuerte apretón. «Soy Benny, el Anticuario, Anti para mis amigos, a sus órdenes, entiendo que le interesa la Barbarie, ¿Barbarie?, todos somos bárbaros, desde luego unos...», pausó, me miró directo a los ojos, «más que otros. Les invito un chanate».

«¿Qué es eso?».

«Disculpe *robot*, es lo que, dentro de La Ratonera, en ese gran impostor, *Mill-granos*, llaman *coffee*, que nada tiene que ver con el verdadero y único café, esa embrujadora bebida que despierta el espíritu negro, negroide como la muerte, casi ardiente como el infierno, dulce, dulce como el amor».

«¿Qué es La Ratonera?».

«Qué buena pregunta, muy buena, La Ratonera, *marioneta*, es donde usted vive, una prisión, un entierro *mi estimado Winston Smith*, ¿o prefiere 137?».

Ignoro de dónde sacó mi nombre, pues no lo había dado a nadie en la Barbarie.

«¿Qué es una prisión?».

«Bueno, mire *títere*, antes cuando alguien se portaba mal o cometía cualquier infracción más o menos grave, lo expulsaban del grupo y ya está, quedaba al margen, se mandaba mudar y prontito». Chocó dos dedos de la mano.

«¿Se mandaba qué?».

«Se iba a otro lugar, caro *Berry Rydell*. Después algún brillante propuso que mejor fuese cortarle la cabeza al infractor, guillotina o cimitarra[2]. Con el tiempo un filósofo criticó la medida de severa y propuso encerrar al infractor en un cubículo. Eso es una prisión, *vasallo*, en otras palabras, mi estimado *John el Salvaje*[3], un cubo, un espacio por demás

---

2 Probable referencia a los cuchillos marca Sol o Tres Canales, los llamados Mataburros.

3 137, Winston Smith, Berry Rydell y John el Salvaje son personajes de la ficción.

reducido, de donde no le dejan salir, más bien en donde usted mismo, *postrado*, se encierra y ya no quiere saber nada del sol, ni de la luz natural, ni del aire, aunque esté contaminado», respiró profundo.

«¿Cuándo dice "filósofos" se refiere a los Inmortales como Gates y Jobs, Zuckerberg y Bezos?».

«No mi amigo *rendido*, esos son puros merolicos carroñeros, mercachifles, buhoneros que venden a los *incautos*, como usted, pinche agua azucarada y se la meten como el elixir de la vitalidad y de la eterna juventud, no se crea de sus estribillos».

«Entonces, ¿a quién se refiere?».

«Méliès, Buster Keaton, Chaplin, quiere que le diga otros, pues dudo que los conozca?».

«Si me hace el favor».

«Guy, Griffin, Sjöström, Lang, Marnau, Stroheim, Gance, Eisenstein... después se los presento».

«¿Son sus amigos?».

«Mis maestros».

Anduvimos por una acera de diferentes niveles, había que caminar con mucho cuidado para no tropezar. Frente a casonas en ruinas, ventanas rotas y señales de fogatas, vidrios y botes y papeles en abundancia. Llegamos a un espacio con algunas ocho mesitas temblorosas y desiguales. Vi grabado en la acera: ⊕8ΨΨΨΧΨ, el resto estaba destruido y no se podía descifrar.

«Aquí fue el corazón de la ciudad, le llamaban Plaza de Armas. Si no me equivoco allá estaba el Hotel Galicia, más acá el Hotel Salvador, en medio, el quiosco con sus fuentes y sus estatuas y sus bancas. Había muchos árboles y la gente se sentaba a tomar el frescor de la tarde, a bolearse los zapatos, leer *El Siglo*, escuchar la banda municipal y refrescarse con una limonada o una paleta».

Nos detenemos frente a una carreta pequeña, con una rueda adelante y dos patas traseras. El Benny abraza a don Antonio y me presenta.

«¿Tiene un rasposo, don?».

«Del güeno, de punta. ¡Cálenlo!».

Nos sirve dos porciones en unos cubitos (de carrizo), él nos acompaña.

«A su salud, señores», correspondemos.

«¿Es mezcal?», pregunto, pues enfrente está otro carrito con un letrero desigual que así dice.

«Cómo cree, es sotol, y del güeno, aquel amigo», indica a un tercero, «vende pulque, aquel otro, aguamiel».

«Salud *137*» dice el Anti.

Veo que ambos vacían el contenido en un sorbo, toman un poco de sal roja y se la avientan a la boca. Intento imitarlos y casi me ahogo con el fulminante que en su trayectoria me incendia el pecho, trato de mermarlo con un poco de sal rojiza, resulta contraproducente, otro fuego me incinera, me ofrecen agua de un contenedor vegetal que llaman guaje. El frescor amaina un tanto los ardores. Nos despedimos. Nos llevamos una botella de soda tapada con un corcho vegetal (olote).

Llegamos a otra esquina. Sobre una mesita cuatro vasijas (contenedores). Atiende una señora vestida multicolor, con collares, anillos y pulseras, a su lado tres chicos le asisten.

«Güenas nochis Doñita, buenas chavalones. ¿La oferta líquida de hoy?».

«Café de olla, canela con piquete y un atolito de granos».

Hablan de la escasez, de las lluvias: «Este año se han dilata'o», hago una nota mental para después buscar la palabra en mi *ALLK*. Se extienden hablando de precaria salud, la doñita cita a una tal Celestina: "güena pa' curar". Concluyen con lo duro y caro que está la vida:

«Pero a pesar de todo ahí vamos tirando. No hay diotra».

«Al mal rato darle prisa. A ver, échenos una de esas tortillas que hace». Nos extiende dos sobre unos papeles. Pronto como la mía, el Benny alarga y alarga los bocados, cierra los ojos, hace una mueca de gratitud y satisfacción, se limpia los bigotes con el papel canela. «Fenomenales, denos otras, hacía tiempo que no me comía una, ya casi me había olvidado de lo esencial del maíz».

«Pero sí apenas jue el otro día, don Anti».

«Buena memoria. ¿Qué tienes en esa tinaja, chavalón?».

«Atole de granos, está bien bueno, ¿quiere calarlo?».

«No es necesario, todo lo que hace tu jefita está bien bueno, échame uno y aquí pa' mis compas, ¿qué quieren?».

Como no conocía ninguno, pedí el primero, Lala, canela, aunque no estoy seguro si Lala nos acompañaba en esa ocasión. No es mi intención engañar, admito que entonces no sabía de qué demonios se hablaba, no tenía ni idea cómo y con qué se preparan las bebidas, ahora que las conozco un poco más, intentaré describirlas: el café de olla sabe a tierra, con aroma a *coffee*, pero más, mucho más fuerte. Tiene otras cosas y sabores que no conocía. Con el tiempo me enteré que el contenedor está hecho de un material pegajoso llamado *barro* o *arcilla*. Los fabrican de varios tamaños, es un proceso un tanto elaborado, hay que adornarlos y quemarlos a altas temperaturas. Unos son muy preciados, ignoro el porqué, pero me dicen que son pintados a mano con infinito cuidado y con lo que llaman *talento*, *habilidad*, *maña* o *factor X*. Vaya concepto tan anticuado, pues ya todo está creado, las máquinas lo reproducen pero, no voy a perder el tiempo en estas cosas, ¿en qué estaba? En los curiosos contenedores de barro. Les decía que algunos presumen diseños y estampados tan detallados que implican una colosal inversión de tiempo. Disculpen que insista, ignoro la razón de crear algo tan frágil y, ¿cómo se dice?, efímero, eso es, pues con cualquier descuido se quiebran y quedan inutilizados. Además, hay que higienizarlos (lavarlos) con sumo cuidado, que es cuando más se fragmentan.

La canela, por lo general, en días fríos servida con piquete (etílico), es una corteza de árbol, al hervirla en agua produce un líquido color ámbar. Según indagué después, pues, cuando atentando contra toda higiene, el Anti me dio a probar su bebida, sin pensarlo la caté, aunque después me arrepentí; el piquete es usiamelaza, allá nombrado rasposo o picabuchis, es licor de caña de azúcar, también conocido como aguardiente, guaro o charanda.

Aquí llegaron cinco con unos instrumentos de cuerdas (los identificó el Benny: dos violines, vihuela, arpa y jarana), empezaron a cantar: *Ya te conocí güerita ya no te pierdo de vista... Sírveme otras tres canelas endulzadas con tus manos...*

Con disimulo saqué mi *ALLK* y tomé una impresión.

El atole es un líquido más espeso, hecho con un cereal conocido como milis, no se acostumbra en nuestro entorno[4]. La Doñita tiene tres calderillas (braseros), con unas piedras calientes (carbón), un contenedor (olla) encima con cada uno de sus productos.

«¿Cuántas tortillas vende por día?».

«No son tortillas muchacho, se llaman gorditas. Bueno, si me va bien, despacho algunas veinte, antes allá cuando empecé, hasta cien se me iban de las manos, había días que no ajustaba. Pero con la crisis...».

«¿Y las qué no vende?».

«Nada se echa a perder, nos las comemos o las regalo».

Flashback o *Forward*, ya ni sé: El Piojito, una tarde calurosa:

Le Bonne Absinthe

(Ajenjo)

Un corto ideado, dirigido, producido por

Alice Guy

Para Gaumont

TRÁILER DE LA PELÍCULA: Un greñudo pide ajenjo. Por distraído no diluye la bebida, al consumirla como que enloquece, con el bastón la emprende contra el mesero que se defiende regándolo con el sifón de agua con gas; regocijo de la clientela, no tanto así del espectador.

---

4 Sin duda se trata de *zea mays*, se acostumbraba a consumir cuando tierno como verdura, ya seco, como cereal; en otras latitudes se usaba de forraje para animales domesticados, cerdos, etc.

~ Fin ~
Tras eternos cincuenta y cinco
segundos.

~ Ya pasó el desfile (1968) ~

AL SIGUIENTE DÍA DESPERTÉ MALENCARADO, EL **ALLK** ME ORDENÓ un viaje al sana(torium).

Imposible con tantos pendientes. Esa fue mi peor jornada. Primero la *Station* me marcó un error de cálculo, a mí, tan cuidadoso, que me había ganado un *sticker* por no cometer errores durante un alargado periodo de tiempo.

«Con—cén—tra—te», me tomo la cabeza con ambas manos, cierro los ojos y respiro profundo y cuento al ralentí: Ianus... Februa... Martius... Aprilis... Maia... Iunius... Septem... Octo... Novem... Decem... Me *masajeo* el cuello, doy unos pasos alrededor, profundo respiro... Interrumpe la *decibelera* música anunciadora de la primera competencia del día:

«¡El galardón!: la joya universal de las golosinas: un *Chocolate Carlos V*». Un vecino resultó el triunfador, lo celebró saltando y lanzando puñetazos a las alturas; todos a gritos desde sus respectivos cubículos lo aclamaron como si hubiese ganado el gordo en el *Lototodo*. Pedí licencia para desconectarme de mi *Station*.

Salí y comí desganado. El *ALLK* me sugirió, por primera vez, un *power nap* (micro siesta) no le hice caso.

Tomé un miura y retorné a mi *Station*. La *musiquería* anunció la segunda carrera del día:

«El premio: un trozo de piza napolitana». A la distancia oí la ruidosa celebración. Pronto anunciaron la tercera contienda del día:

«El gordo: un *miura Hors d'âge*». A mi izquierda la bulliciosa celebración del ganador. El *ALLK* me marcó otro error, tras ordenarme que me reportara a Superación, descanso obligado, se cerró la *Station*. Me dirigía a mi AP cuando escuché la reverberante algarabía anunciadora de la cuarta competencia...

~ 2 ~

En mi palacio, en una ventalla, aparece la sonriente cara de La Zerebro. Con voz hipnótica me toma de la mano como si fuese un niño, me susurra los *sin cuenta* pasos correctos, con lentitud me encamina por los procedimientos adecuados: proyecto – iniciativa – motivación – *Hit the ground running* (iniciar a toda velocidad); la mejor manera de evitar, mmm, de aprovechar las oportunidades que se presentan para llegar a ser, nada más y nada menos que El Rey de la Selva.

«¿Quieres probarte la corona?». Se refiere a una corona de cartón brillante que le ponen al asocio que hace menos errores, al que siempre llega a tiempo, al que nunca sale del KPSA. «Recuerda la recompensa que te espera, un viaje con todo pagado, todo en absoluto, al sitio más fabuloso del universo, *Eche todas las canas al aire en detenga el tiempo en la tierra de la ilusión, el encanto, la diversión: Topía*; todo, todito todo pagado».

De pronto se minimiza la cara de La Zerebro y brotan imágenes cada vez más frenéticas acompañadas de las furiosas notas de *Ysabel's Table Dance* (de Mingus). Desfilan, con invitador exceso, interminables mesas mesas mesas colmadas de miuras piza jolts usiachiocolates y tantos otros. A un costado, un opulento acuario gigante rebosante de *koi*, tortuguitas y hasta un par de delfines saltarines, acompasados nadan al lado de morenados cuerpos perfectos. En las albas arenillas de la playa (*faux*), bajo la artificiosa luz del *morenador*, retozan parejas con hilos dentales por toda cubierta: todos, hasta los peces, sonriendo. Adonizados cuerpos portan charolones con copotas copeteadas de usiagave y usiapatata y usiavid y usiamelaza y once kilos de uva, preparados por duchos mezcladores que, sin reposo, revolotean usiacolors...[1].

Un monumento se incorpora de la piscina. Es la bella Simonetta encarnada, con un corte de pelo *dutch boy* y gafas *Oakley*; detrás, los

---

1 Usiagave, tequila; usiapatata, vodka; usiavid, vino tinto malbec; usiamelaza, ron, agua ardientoza, brandi.

esculturales dos metros once, de la de Alejandro, con brazos tatuados y hospitalarias manos; más atrás, la misma perfecta voluptuosidad 36–22–36 (en pulgadas), en un compacto metro sesenta y siete, guiñe un ojo[2]. Todas con graciosísimos pasos de *table dancers* imitando a una *prima ballerina*, se acercan, se frotan senos y caderas, seducen con voz seductrix, invitan en coro:

«Sólo un muerto no quisiera estar aquí con nosotras».

«Aquí te esperamos 137».

«Estás activo y muy activo».

«Ven, ven con nosotras a divertirte un rato».

«¡No tardes Chatito!».

Concluye Superación.

~ 3 ~

Malditos recuerdos, maldita realidad, maldita vida. No me lo van a creer, pero aquí me atoré. Pasaron tres, cuatro, seis largas, larguísimas semanas y no pude escribir ni una palabra siquiera, le hacía una corrección aquí y allá, pero no agregaba nada. Mi frustración desbocaba...

Un semestre después, en lo que pudo tratarse de una broma pesada, aunque lo dudo, se me acercó El Pirata. El asocio me pidió un remedio para el *writer's block*, ignoro cual sea el equivalente en nuestra lengua, un momento, voy a buscarlo. A ver qué dice el *ALLK*:

Writer's block: bloqueo del escritor; síndrome, angustia o miedo a la página blanca.

«Página blanca fue mi corazón, donde escribimos una página de amor» (bolero con *Los Fantasmas*), tarareó el Benny una vez que le pregunté sobre el tema. Pero me adelanté.

No le torcí el cuello al asocio que me hizo tan imprudente pregunta, pues se trata de un escritor casual, novato, aunque él cree que

---

2 La modelo en la pintura, Nascita di Venere (Nacimiento de Venus) de Boticelli; la Venus de Milo, atribuida a Alejandro de Antioquía; y la Marilyn Monroe.

tiene entre manos el guion perfecto para un *anime aventuroso* que le redituará millonadas.

«No se preocupe amigo, Henry Roth fue incapaz de escribir una palabra durante sesenta años, al mal rato buena cara». Pero, mal de muchos, consuelo de *untek* (ignorante), no cabe duda. Pero la triste verdad, verdad al fin, quedé más desesperado, con insomnio, falta de apetito, malestar estomacal, prurito (comezón) por toda la cabeza, resequedad en la piel, hecha costra que envidiaría un reptil, con mayor intensidad en la planta de los pies. Me refugié en la lectura de la cual pronto me aburría, me llegaba el bendito sueño, despertaba sobresaltado, sudando, pesadillas poblaron mis madrugadas[3].

Pasó calendario y medio y nada. Una Natividad compartía con un Juglar, me preguntó por la pluma:

«Nada, inactiva».

Me animó a seguir, a sobreponerme.

«Adelante, no le aflojes, ¡échale ganas!». Fue esa o alguna otra expresión de moda entonces. Con tales voces se animaba a los modernos gladiadores en la contienda.

No apelé al abandono de las musas, ya sean las tres originales: agua, viento, voz humana (práctica, memoria y canción); después, por los helenos multiplicadas tres por tres igual a nueve; de ahí, humanizadas en el Medievo: Laura, la inalcanzable del poeta; Nadezhda, la que subsidia al romántico pianista; Beatriz, la que murió apenas a los veinticuatro años y en la otra vida transportó al Divino por el *Paradiso*[4], tampoco apelé al florido Xochipilli. Para meditarlo en el encierro, me guardé ese maldito, vulgar mandamiento: «¡échale ganas!». Como si conquistar la hoja en blanco fuese tan prosaico como incorporarse por

---

3 Nota del Anti: Al principio pensé suprimir estas divagaciones, pero para entonces me entró remordimiento por haberle cambiado el título a la novela. Con un sentido de culpabilidad me atacó algo que pudiéramos describir como *editor's block* y empecé a padecer muchos de los contratiempos de que habla el Narrador.

4 Laura, la musa de Petrarca; Nadeshda, inspiración y mecenas de Chaikovski; Beatriz, guía de Dante.

la mañana o, cuando ya agotado, dar unos cuantos pasos más. Indagué sobre la inspiración o falta de ella, como un mal, un *pathos*, algo simbólico que no se puede materializar, sólo imaginar. Busqué remedios propuestos por las mafias que a esto se dedican. Antaño, en la época bárbara, algunos escribanos recetaban los hechizados acordes clásicos de este o aquel, en particular de esa época llamada ornamento, barrueco, barroco o algo similar; otros recomiendan rociarse de aromas de caros perfumes, rodearse de flores, ejercitarse a diario, proponerse una meta, capturar un número determinado de palabras e insistir, insistir hasta alcanzarlo, autogratificarse con un capricho, alguna golosina, un paseo, un descanso, una diversión y demás irracionalidades. Entonces entendía el contratiempo como un castigo impuesto por fuerzas invisibles y poderosas, por lo tanto, inmunes a cualquier remedio humano pero, en mi desesperación, todas las sugerencias me parecieron todas, muy lógicas, aunque ninguna alivió mi mal.

Nulla dies sine línea.

Let their work be to them as is his common work to the common laborer[5].

~ **4** ~

Antes de todo este enredo el Benny me había propuesto una cinta, no recuerdo ahora el título, después, cuando me vuelva, comparto el dato. No asistí pues no había escrito nada. Fue una decisión difícil, debatí hasta el último momento. Pero ya me adelanté de nuevo. Para distraerme pulsé *musas* en el *ALLK*. En eso estaba cuando interrumpió mi pesquisa la cara de La Zerebro:

---

5 La primera cita se le atribuye a Plinio el Viejo, en referencia al pintor griego Apeles, el que siempre estaba practicando su arte; otros la atribuyen al anacoreta Arsenio quien dijo que prefería no hablar pues siempre se lamentaba de sus palabras, pero nunca de sus silencios; aún otros a Erasmo de Rotterdam, inclusive a su contemporáneo, Polidoro Virgilio. La segunda cita es de Trollope, compara el trabajo del escritor con el del obrero.

«*Hi* 137, cómo te encuentras rorro, me dijiste *I'm facing the devil* (enfrento una contrariedad). Espero la hayas superado con los ejercicios que te recomendé, enfocar – pensar – planear – realizar, *and that's all*».

Le comenté lo de la escritura, las musas y esas cosas. Creo que se burló, aunque intentó disimular, dio un trago al usiacoffee.

«¿Las musas? ¿Y eso qué es? Siempre me sales con tus *weird ideas*».

«Las musas son los espíritus que inspiran a los artistas a crear».

«¿Y tú qué estás creando?».

«Estoy escribiendo un libro».

«Quién tiene tiempo de escribir un libro?, me parece la idea más idiota, *irrational*. Si con una Verdad basta. ¿Cuántas palabras necesitas para un libro?».

«Algunas cincuenta mil para uno pequeño».

«Déjate de eso. Con una sola Verdad, encapsulada en una frasecita cortita, *inventive* es más que suficiente para triunfar – vender – conquistar. ¿Cómo le decían antes...?

«Estribillo».

«...Eso es, un gancho al hígado del consumidor: una sentencia, entre más *compact*, mejor. Se musicaliza, se repite, se pasa por la *ventalla*, se incuba... *Incubates* en los cerebros y ya nunca se olvida. *Create one* y mándala al *contest*, cualquiera de los nuestros puede participar. Es grande el premio, te puedes ganar el *Prix*. Se me hace tarde, me voy. Ahí te dejo las últimas que han ganado. Cualquiera puede hacer una. Sayo(nara)».

Por la pantalla desfilan los siguientes estribillos triunfadores:

Uno: *La familia rica vive mejor, en el Konzortium.*

Dos: *Mijo, Mejor que la Mejorana, la Mejoral (blanks): Adquiérala en la Boutika del K.*

Tres: *Los marcianos de Marte llegaron ya: ¡A correr!: tire sus penas al viento y adonícese o milonísece en el Gym del K.*

Cuatro: *¡Compre compra! ¡Compró!: en el Baazar del K.*

Cinco: *Mi trono por un ALLK: del K.*

Seis: *La rubia categórica*: *¡Chúpesela toita!*: *En el Bar del K.*

Siete: *Mamoplastia*: *¡bebe bebé!*: *al son*: *de mamãe mamãe mamãe profiláctica eu quero, mamãe eu quero, mama eu quero mamar*: *le esculpimos el busto perfecto en la Klinik del K.*

Ocho: ¡Fly pleasurable dragon!: adquiera Venus, su goma de mascar profiláctica, *en la Boutika del K.*

Esta fue la ganadora del *Grand Prix*: un día de descanso.

Nueve: *Primeiro estranha-se, depois entranha-se*[6]: en las Despensadoras del K.

[esc].

____

6 Se trata de frases usadas a través del tiempo, queda difícil entender su significado, de antemano me disculpo si yerro: 1. Ensalza el capitalismo; 2. Propone un medicamento contra la hemicránea; 3. Invita a ejercitarse para tener un cuerpo como Adonis o la Venus de Milo (con brazos); 4. Obvio su significado; 5. Atribuido al rey Enrique VIII, usado en un anuncio de ordenadoras, el original decía: «Mi trono por una capita (cabeza)»; 6. Incita a consumir una cerveza estilo Pilsner; 7. Plantea una cirugía cosmética; 8. Una goma de mascar con propiedades anticonceptivas; 9. Primero se extraña, después se entraña, anuncio comercial de una gaseosa atribuido al Portugués. Por lo tanto es lo que antes se llamaba plagio, hoy actividad común y aceptada.

~ El pianoforte de Orlac ~

ESTOY EN EL JARDÍN DE BENNY, LO VEO MEDITABUNDO.

«*A penny for your thoughts (¿Qué piensas?)*».

«Nada...» responde, «por un momento me vino el agridulce recuerdo de La Trovadora Ojos Pradera. Fue Orlac quien así la bautizó. Un día pasó por aquí, nunca supe su nombre. Me buscó, me encontró, aquí todos me conocen. Escuché que alguien gritó mi nombre. Abrí la puerta, nunca la atranco. De buenas a primeras, sin saludar, agresiva preguntó, demandó»:

«¿Dónde está el *arpicémbalo*?».

«¿El qué?».

«El címbalo *di piano et forte*».

«Quién te lo dijo, dijo la entera verdad».

«¿Puedo verlo?».

«Desde luego».

«¿De dónde vienes?».

«De por ahí».

«Comprendí que no quería hablar, dejé de interrogarla. La muchacha, la joven mujer, locuaz no era, eso sí, muy extraña. Por aquí es la primera y hasta la fecha, la única *Pianadora* que nos ha visitado. Los curiosos piden ver el piano, lo ven y se van. Por lo general pasan trovadores, traen una lira (guitarra) desafinada y toda madreada, cantan sus himnos de despecho, de borrachera y dolor. Un día llegó un verdadero, se aventó pasajes del *Martín Fierro* y del *Campeador*. Imagínate, encomendar todo un libro a la memoria: *Fahrenheit 451*.

«La Trovadora rehusó tomar o comer algo que presto le invité, pues le vi el polvo del camino. Traía un *itacate* (bulto) y un *cayado* (bastón) por todas sus pertenencias. Nos dirigimos a casa de Orlac. Desconfiado nos recibió. Al ver el pianoforte La Trovadora se hincó, lo abrazó y lo besó. Pidió permiso para tocarlo. Demandó agua tibia. Tras medio calentarla, el Orlac se la acercó. Ella agarró una *palangana* (recipiente) de un lado, ahí la echó, cerró los ojos y en una casi ceremonia se mojó musculados brazos y poderosos dedos, los frotó, se secó con cuidado, estiró los prolongados dígitos, se plantó frente al *Pleyel* (piano). Sus manos se elevaron cuales plumas llevadas por la brisa, bajaron lentamente, acariciaron los marfiles en escalonados pasos. Orlac murmuró»:

«El color de la piel. Entre el blanco y el negro: *Cromática* de Chopin».

«La de los Ojos Campo volteó y nos sonrió».

«¿Quién te enseñó a tocar?», le preguntó Orlac.

«Nadie».

«Orlac pensó se trataba de una broma, después me dijo que buscó, sin éxito, entre sus archivos para ver si existió algún maestro con el nombre de Homero, Odiseo o Ulises, pues en un incidente del *Libro sacro* (*La odisea*) así se hace llamar un personaje para engañar al enemigo.

«Entre la calma celestial, recuerdo que cerró los ojos campiña y, de pronto, estalló la tempestad: dos caballos, un tordillo y un moro galoparon sobre la extendida llanura (teclado), fue como si desvencijaran las puertas del infierno cuando atacó las morochas *octavas bassa*[1]. La media tonelada de madera, teclas y cuerdas cimbró. Orlac quedó en ascuas (sorprendido, con la boca abierta). Absorto, totalmente embobado, admiraba su abundante pelo castaño ensortijado, su cara sin maquillaje, su cuerpo atlético, poseído, me acerqué, la acaricié: de los marfiles arrancó un torbellino de arcabuzazos directo a mi corazón; concluyó con *Consolaciones* de Liszt. En *alegrosas lacrimosas*, postrado, demandé: "Pídeme lo que quieras, hasta la misma cabeza del Bautista[2]". Pidió le regalara el piano. "Te puedo regalar el alma, pero, el pianoforte NO; no me pertenece".

«La música continuó, no podría precisar por cuánto tiempo, medio salí de mi ensueño cuando Orlac, contra costumbre, dio un trago

---

1 Al parecer el Narrador confunde el Bösendorfer 290 Imperial de ocho octavas con noventa y siete teclas, mientras que el Pleyel de Chopin de seis octavas y tres cuartos cuenta con cuarenta y seis blancas y treinta y dos negras.

2 Juan el Bautista, de quien se dice que perdió la cabeza por culpa de una bailarina *seductrix*.

extendido al chango mezcalero, con voz trémula dijo: "¡Ca—ba—llero... una *genia!*".

«Se dirigió a *La Pianadora*: "¿Cuántas horas prácticas por día?", respondió, "Practicaba... Nunca más de nueve"».

«Me miró de frente, aún no me recuperaba de la tormenta, demandó»: "Ahora sí, me como algo y me tomo una *grappa* (vino)".

«Si me hubiese pedido ser partícipe en la *Última Cena*, hasta el mismo fin del mundo acudiría a procurársela: Como si fuera ayer». Benny mira al infinito con amargura. "Apareció de por ahí un día, acarició las teclas, me sedujo, me perdió y desapareció. Nunca la volví a ver, nunca la olvidaré».

«¿Pero, por qué no la puedes olvidar?».

«Irracional mi proceder, cambiemos el tema. ¿Quieres conocerlo?».

«Vamos».

~ 2 ~

Benny quitó la sábana a un mueble con una serie de piezas blancas y negras que al chocarlas producían, en el espectro, desde un ruidillo hasta un *ruidazo*. Suspiró profundo. Ya calmado continuó:

«Negro, imagine mi torpeza, no puedo tocar más de una tecla a la vez, uno de los grandes errores de mi vida no darme el tiempo de aprender, todos los días me arrepiento. El destino me dio este piano, pero no me dio el talento ni la dedicación para aprender a tocarlo. Soy haragán, me parece una empresa imposible».

«¿Cómo se llama ese mueble?» pregunté.

«No es mueble, prieto, es la CHULADA de los instrumentos musicales, es un Pianoforte».

«¿Piano qué?».

«P i a n o f o r t e. En un tiempo toda familia, para presumir de refinada, tenía uno en la sala y pagaban a un maestro para que enseñara a las púberes a tocar *furilisa* (*Für Elizabeth*) y *clerdelun* (*Claire de lune*). Presumían las aptitudes de sus vástagos, hablaban de "Chupán" y de "Liz", servían té de tila con bizcochitos, los invitados entusiasmados aplaudían. Pero cambiaron los tiempos. La gente dejó de comprarlos y las compañías de manufacturarlos. Se precipitó tanto su valor que cayeron en el abandono, de tal forma que hasta en el Konzortium sólo hay uno».

«No lo he visto».

«Me han dicho que está en la sede de lo que será en el futuro, el *Paseo al Pasado*, una especie de museo de máquinas viejas que el hombre ha desechado en aras del progreso pero, por el escaso apoyo al proyecto no pasa de la etapa de planeación; al parecer tienen ya varios objetos listos: un armatoste estereofónico, una vellonera (ELDA: un aparato que toca discos a cambio de monedas, también rocola, piano, pianola), la Mac, el iPhone...».

~ 3 ~

«Este Templo fue el hogar de Orlac, el *cimbalero* (encargado de cuidar los instrumentos). Al morir me lo dejó con la condición de que fuera sala pública de conciertos musicales a la antigua (ELDA: usan instrumentos acústicos). Cuando por aquí pasa algún zíngaro (egiptano) o trovador, lo alojamos con la condición de que se aviente un *palomazo*, comparta su talento, su voz, su instrumento a cambio de un *refín* (alimento) y un *rasposo* (sotol). Ahora yo soy el cimbalero, el encargado de mantener, tanto la casa como el pianoforte, semi limpios», pasa un limpiador no desechable sobre la superficie. Enojado dice: «¡Maldito polvillo prieto!, todo lo abarca, nos está matando poco a poco. También, soy el portero, un *milusos* cualquiera, preparo el salón para las presentaciones, a las que, por cierto, llegan tres gatos canosos».

«¿Y dónde se sientan o escuchan de pie?».

"Cada uno trae su banquito y sus simientes (semillas)».

Se trata de un palacio (hogar al estilo antiguo). Habían sido derribadas las paredes internas, el espacio es un rectángulo grande. En un rincón, una "cocina de leña". Imagine la Barbarie, pierden el tiempo en esas trivialidades, también me cuentan que a los que más uso les daban se les llamaba *chefs*.

«En vida, Orlac descansaba en una bolsa de dormir cerca de su pianoforte, del que nunca se despegaba. Dice la leyenda que cuando la *animal laborans* de labores forzadas (trabajadores del KPSA) quisieron unirse para mejorar las condiciones de trabajo les prometieron, entre otras cosas, música en directo durante los descansos; desde luego que no cumplieron sus promesas, pronto despidieron a los organizadores, pero antes hicieron un circo. Orlac, entonces *mensú*[3] (asocio), fue nombrado director de un futuro *Paseo al Pasado*. Adquirió, quién sabe de dónde y valiéndose de artimañas, esta joya. Se dice, aunque él nunca admitió nada, que en una subasta. No le alcanzó para comprar un 290 (*Bösendorfer*) que le encargaron, desesperado, actuó contra su natura de persona honesta, sobornó a los empleados y se lo vendieron como piano chino. Pero qué va, se acercó a mi oído y susurró: "Dicen que es el 13"[4]. Ya en voz normal. "¿Qué te parece? Consta de cinco mil piezas armadas a mano por veinte *maistros* (expertos). Las teclas blancas no son de madera, son de mármol". Alza la voz: "¡Son de mamut, cabrón!". (*ELDA*: Una especie de elefante con largos colmillos enroscados; dieron batalla algunos diez milenios atrás. Especie extinta). Bueno, cuando declararon al peón Orlac desechable y lo despidieron del K, ofreció comprar este pianoforte. ¿Y qué cree, cabrón?». Sorprendido no digo nada. Alza la voz de nuevo, «¡Se lo regalaron! al parecer le dijeron: "¡Llévate ese *mugrero*! (objeto de escaso valor)". Se dice que fue tanta su emoción de poseer el 13, que, con el tiempo fue la causa de su muerte...».

---

3 Los *mensú* fueron trabajadores contratados de las plantaciones rurales de yerba mate en las junglas de Paraguay y Argentina entre 1880 y 1950.

4 El 13 no es el piano Pleyel 13819 que se encuentra en un museo inglés, pudiese ser el Pleyel 14810, ambos en un tiempo acariciados por Chopin.

En la pared había cuatro rostros (dibujos a lápiz), tres encima y otro arriba y más arriba, letras en un semicírculo: *Play the right key at the right time and the instrument will play itself* [5].

«Deja te presento a los Semidioses Encumbrados: (de izquierda a derecha), el Sordo, el Tísico y el Monje, arriba, Dios».

«Achis (voz que le copié al Benny) y esos ¿quién son?».

«Beethoven, Chopin y Liszt, arriba Art Tatum. Se dice que en una ocasión, en un antro, tocaba el piano Fats Waller cuando arribó Tatum. Fats se levantó, dijo: "Yo sólo toco el piano, pero acaba de llegar Dios"; le cedió el teclado».

Absorto me quedé viéndolos, cierto, no los conocía. El Benny me llamó desde una esquina, me mostró un cajón bajo una cubierta que llaman toalla.

«¿Y eso?».

Se acercó, lo destapó, empezó a darle vueltas a una manija y trató de cantar: *Al llegar la estación cariñosaaa, donde alegres cantaban las aves...* (*La pajarera*); (*ELDA*: Organillo, un viejo instrumento que se tocaba en plena calle para importunar a los transeúntes. Por lo general, el Organillero se acompañaba de un simio [capuchino] que se encargaba de recoger monedas que les obsequiaba el público. Por fortuna fueron proscritos por las autoridades).

Flash para alguna dirección: Cine Martirio "El Piojito": cinta: *Las manos de Orlac*.

> ### *Las manos de Orlac (Orlacs Hände, 1924)*
> ### Dirección (Regie): Robert Wiene
> ### Con Conrad Veidt

---

5 Frase atribuida a Bach, también se dice que la usaba Art Tatum: "Toca la clave correcta al momento adecuado y el instrumento se toca solo".

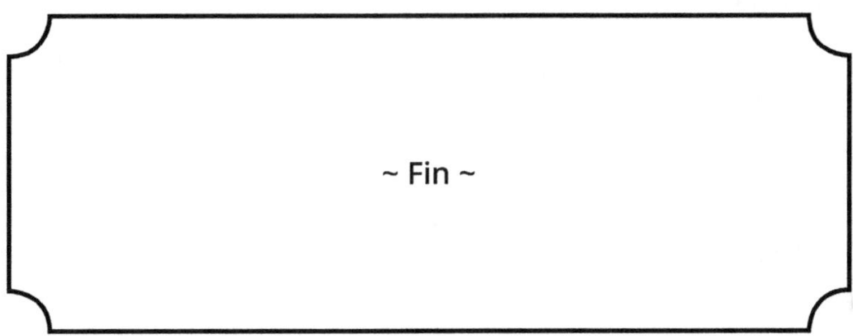

~ Fin ~

~ El jardín del Anti ~

Estábamos en El Martirio ("El Piojito") disfrutando *Lulú* (*Caja de Pandora*). Antes de la proyección salió un canoso, apoyado en un bastón, Lala y el Anti le aplaudieron. En voz baja, apenas perceptible dijo:

«Cómo no enamorarse de una belleza natural, la próxima vez les mando *Diario de una perdida*»; se marchó.

Al salir Lala sugirió un refrigerio en *Tacos El Salto*. En la calle los pordioseros acostumbrados, unos pedían un cigarrillo que el Anti les ofrecía con gusto, otros solicitaban terros que el Anti les extendía con gusto, otros llamaban al arrepentimiento y amenazaban con terribles castigos eternos para los descarriados.

«¡Arrepiéntanse pecadores!, aún les queda tiempo para salvar su ánima». A estos el Anti les insultaba a gritos irrespetuosos:

«¡Cállense mentirosos! ¡A otro perro con ese hueso!».

En una esquina *El Salto*: *churros en invierno, raspados en verano, tacos todo el año*. El sonriente Gio nos mima con tacos de patatas (papas les dice, una especie de flautín relleno de una substancia blanda y elástica) adornados con un colorante (salsa de chile de árbol) por demás enérgico; casi me asfixio con la infernal salsa, pedí agua, agua y más agua, sin lograr mitigar los grandes ardores, me dieron un líquido blanco, lo que me acarreó un poco de alivio, aunque no del todo:

«¿Qué es?».

«*Curd*».

Todavía padecí largo tiempo, ya un tanto calmado, nos despedimos y nos dirigimos al jardín del Anti.

Un cuartito con almohadones en el piso; Lala se excusa y nos deja. El anfitrión me invita a acomodarme, saca un aparato raro*. Como que quise recordar que vi una imagen parecida, pero imposible precisar. Sacó un enorme disco negro, lo sentó en el aparato, empezó a revolucionar. Se oyeron unos chillidos espantosos, fueron disminuyendo en intensidad, en una voz a veces perceptible, pude distinguir algo así como 'veinte años'. Le vi verter unas lágrimas:

Lágrimas son las que, al caer, me hacen sufrir al recordar: Los Freddy's.

Confundido me acerqué:

«¿Se siente bien?».

«En éxtasis, cautivo».

Tiempo después busqué en el *ALLK* detalladas ilustraciones de:

Phonoautógrapho

Peleophono

Phonographo

Graphophono

Gramophono

Phonographo de transistores

Tornamesa

8-tracks

Reproductora de casetes

Reproductora de discos compactos

iTunes, Spotify

Wireless (IEEE802.11b)

Y otros aparatos populares durante los tiempos pasados.

(**ELDA: Se trata de un armatoste que reproduce el sonido cuando una aguja de diamante hace contacto con un disco de acetato que gira a 78, 45 o 33 ⅓ rpm... Veinte años fue una melodía (hoy conocida como filarmonía) popular, reproducida a menudo en la época pretecnológica. (Entonces se decía que estaba en pañales, eso es, que se iniciaba)*[1].

~ 2 ~

Pregunté por el anciano que presentó *Lulú*.

«Nadie lo conoce, no habla con nadie, sólo sé que presta las cintas para su exhibición, él las cuida y las restaura, aunque una vez escuché por la calle, —donde todo se sabe— cuando alguien le gritó, "¡Langlois!", titubeó, como que quiso atender, pero siguió su camino

---

1 Nota del Anti: El Narrador parece confundir dos canciones diferentes: Habla de *Veinte años*, con Las Hermanas Padilla, pero la cita es de *Lágrimas son*. Ante crónica tan confusa, cualquiera se confunde.

sin voltear. Me han dicho que vive cerca de una mina abandonada, cuando no en ella misma. *Arrodillado*, tuvo suerte de verle hoy, por lo general viene un muchacho en una bicicleta, el Toto. Él trae las cintas, las exhibe, se las lleva. Desde luego que todos, bueno, todos los que de esto saben, muy pocos, por cierto, conocen a un san Langlois. El santo murió ya hace tanto tiempo, no tuvo hijos. O al menos eso dicen. ¿Y usted, qué piensa, *animal laborans*[2]. Guáchele»: Me mostró un altar con unas *cempoaxochitls* ya resecas, ardían unas veladoras, una de ellas con la imagen muy sencilla de un rollo de película, decía «san Langlois» en letras rojas. De vuelta en KPSA, indagué al *ALLK*:

HL2467, Henri Langlois (14eb – 77eb/acumulador de kino).

Fue toda la información que me dio el *ALLK*, volví a indagar, repitió lo mismo, después pregunté al ELDA:

1. *HL1, visionario y restaurador y coleccionista de clásicos del cinematógrafo. Para poner en perspectiva la importancia de este visionario que dedicó su vida al cine, hablemos del virtualismo: Es una expresión artística que explota una debilidad del ojo humano. Tal defecto permite manipular una máquina para recrear, en brillante colorido, cualquier tiempo, incluyendo personajes, ciudades, civilizaciones enteras, desde una época pasada hasta la utopía más futurista. Es tanta la aparente fidelidad, que el espectador la da por real, aún la ficción, como el mago Merlín, Disney, Tarzán, la Civitas Solis, Mesopotamia, la Atlántida, Las Vegas. Por otra parte, el cine recomendado por Langlois, con cintas como Lulú...*

2. *He who suffers from indigestion, or who gets drunk, is utterly ignorant of the true principles of eating and drinking[3].*

---

2 Son tantos, tan variados y coloridos los insultos que el Anti usa cuando habla con 137, que el lector ya se ha formado una clara idea de su forma de expresarse, por lo tanto, de aquí en adelante los elimino.

3 ¿Le gustaría saber quién dijo esta tontería?, búsquelo en ELDA.

~ 3 ~

«¿Tengo una pregunta?».

«Diga sus inquietudes, estamos para confundir al prójimo, no faltaba más».

«¿Qué es el cine?», pregunté al Anti.

Pensó por largo. Se rascó la cabeza. Se pasó la mano derecha por la barba rojiza, dio un sorbo, habló despacio: «Es la ilusión de que algo está vivo... Habrá que regresar hasta La cueva de Platón. De seguro que no la ha leído, a ustedes en la Mina sólo les leen a Rowling y a King. Anote el nombrecito para que después se lo despache, o al menos para que la ELDA le dé un brevísimo resumen, que no es lo mismo, ya después le hacemos un *post mortem*».

«¿Un qué?».

«Ya después hablaremos al respecto. De paso también léase a Ptolomeo, pero mejor olvídelo, la versión de la *Óptica* que anda por ahí es de desconfiar. Mejor chúpese las vainas de la *camera lucida* de Battista Alberti; de la *camera oscura* de Da Vinci; de la *linterna mágica* del jesuita Kircher, vea las imágenes de los aparatitos. Todo esto lo encontrará en el *Codex Atlanticus*, en la Ambrosiana o en el ELDA, sin olvidar el *disk* de Newton. El cine no lo inventó una persona, es un guiso al que entran muchas manos, a ver, entre otros: el *estroboscopio* de Stampfer; el *zoótropo* de Homer; el *kinematoscopio* de Sellers; el *fantascopio* de Robinson; el *Teatro de Sombras* de Seraphin; el *Microscopio Solar* de Marat; el *Fenaquistiscopio* de Plateau; el *Praxinoscopio* de Reynaud; la *Cronofotografía* de Muybridge y Marey; el *Kinetoscopio* de los Laboratorios del equipo de Edison, y paro de contar. Eso es el cine, fotos que se mueven, cobran vida, nos hipnotizan y nos hacen pensar que estamos en un mundo ya sea fantástico, cruel, oscuro, peligroso, edénico, lo que nos permite por unos minutos escapar nuestra mísera realidad y andar con asesinos y traidores, cabalgar con bellas y valientes».

«¿Por qué no va la gente al cinema?».

«Bueno, vamos a ver, vamos a agarrarle la orilla: el *Kino* es el cine mudo, de las casi once mil cintas quedará un cuarto de ellas; las *Vistas* son el cine hablado, filmado en blanco y negro; el *Cinema* es el llamado cine arte, ese de mucho güiri güiri y poca, muy poca acción—se la pasan buscándole, al gato, tres patas; y el *Kinotumu* (de tumulto), es el cine que usted ve a raudales dentro de su prisión. ¿Me entendió?

«En cuanto a por qué la gente no va al *Kino*... Mire, en un tiempo se llenaron las salas, entonces verdaderos templos. En comparación, El Martirio es una modesta salita de vecindad, será una ratonera, pero es nuestra. Los templos se fragmentaron y dieron paso a muchas salitas, auténticos cubículos en lo que antes fue una gran sala, muchas de ellas elegantes. Llegó la televisión con pantallas cada vez más grandes, el cable y sus mil canales, el flujo (*streaming*) con infinidad de películas a la carta. La gente se quedó en casita, pero eso no importa. Lo crucial es apreciar algo que con el tiempo llegan a apreciar todos, los llamados 'clásicos'. Entonces, uno se puede ensalzar de ser el primero o de los primeros en reconocer su valía, no hay que ser como en la Mina, que sólo ven lo que les dicen que vean».

«Pero yo puedo disfrutar la oferta de mil canales, el sueño de generaciones pasadas».

«¡Cierto!, muy cierto, pero es la misma chingadera».

«Y eso, ¿qué es?».

«¡Basura!, *¡merde!*»[4], grita disgustado. «Pero ya estoy cansado. Voy a cerrar los ojos, quédese si gusta. ¡Qué descanse! Recuerde: Los mejores planes, improvisar; la mejor película, como el mejor sorbo: lo que estamos por beber o por ver y; el mejor consejo, aunque suene a *clichesote* es: 'no le aflojes'. No lo olvide».

---

4 Aunque en un tiempo así se llamaba al excremento de los animales y de los humanos, con el arribo de la cablevisión así se le llamó a toda la programación de los mil canales.

~ 4 ~

Recostado me entretuve viendo los papeles de color marrón (canela) colgados en las paredes:

No hay dioses, ni demonios, ni ángeles, ni cielo ni infierno, sólo existe el mundo natural.

Al despertar escucha a Mozart, así inicias el día desde las alturas.

El principal deber de un hombre hacia sí mismo es el de instruirse; el principal deber de un hombre hacia los demás es el de instruirlos.

Me esforcé para entender lo que dicen las letras minúsculas, pues estaban escritas con letra desigual:

AGUA: En ayunas, apurar un vaso de agua con veinte gotas de limón. Tras un día tenso, un baño de tina reconforta.

ALIMENTO: Pausado, preparar un platillo con ingredientes del huerto familiar y compartir la mesa, mezclarlo con charla. No olvidar de agradecer a la Madre Natura, a la Agricultura, al Agricultor, al Agua, al Sol y al Planeta que nos dio vida y nos permite sustentarla.

AMOR: Día tras día, dar un beso o un abrazo a un ser querido y agradecerle por el apoyo incondicional en las duras de la vida.

DESCANSO: Tumbarse y cerrar los ojos, siestar bajo la sombra de un árbol o à calma, eso es, bajo el sol. Al sentirse cansado durante la rutina cotidiana pausar a disfrutar un fruto fresco del huerto. Pensar que un buen día fue un árbol de hojas secas, con la primavera dio retoños, flores, pequeños frutos. Cuantas gotas de agua bebió, cuanto abono lo alimentó. No es algo improvisado que de la nada apareció como fruta en el estante del usurero que la compró al campesino por unas monedas y, al venderlo, multiplicó su usura.

GRITAR: ¡Viva el Ocio! ¡Viva la Piratería!

LA MUERTE: Cuando uno está solo, al aparecer el sol, cuando se oculta o por la noche admirando luna y estrellas, preguntarse: ¿Qué es la vida?

LECTURA: Leer en alta voz un poema o un trozo de Platero y yo, de Neruda, de Machado, de Lorca o similares.

SOBRIEDAD: Ser breve en el hablar, el comer y el beber.

SUDAR: Obrar en el huerto, jardín familiar o comunitario, al menos una hora o hasta sudar, tomar un jarro de agua de la tinaja, adornar la bebida con rebanadas de cítricos o con una yerba odorífica. Usar con exclusividad herramientas manuales, evitar las eléctricas.

TRABAJO: El trabajo remunerado viene del latino tripalium: un instrumento de tortura. Si no se dispone de rentas ni se es hijo de papá (JR), entonces hay que salir a agenciarse el pan. Hacerlo sin rencores ni de mala gana, intentar seguir el dictado de no hacer daño, por el contrario, seguir las normas éticas por uno mismo impuestas, saludar y despedirse de los compañeros y tratar de no ser sarcástico con los superiores, pues sólo obedecen órdenes y también son víctimas de un sistema podrido.

VIDA: Aseo personal, reírse, pensar en el prójimo, hacer el bien.

No me había percatado que me observaba el Anti:

«Mire *sclave* (*eslavo* = esclavo), el secreto de la Vida, como la Moderación, la Justicia, la Equidad, la Democracia, no existe, oyó bien, no hay tal cosa, nunca se ha visto. Ilusos y estetas lo han intentado pero, tras darle muchas vueltas al asunto, concluyeron que es algo irracional, absurdo, pues no se puede dedicar, con exclusividad, ni a los placeres ni al ayuno. Mi *trica* decálogo son unas normitas que escribí para recordarme, de vez en cuando, la hipocresía que vivo y que todos vivimos...».

Fadeout: sonaba la *Noche de encantamiento*, de Silvestre Revueltas.

~ Los cuatro jinetes del
Apocalipsis (1921) ~

**Terminantemente prohibida la ejecución del tango
El esquinazo. Se ruega prudencia en tal sentido.**

UNA NOCHE, CAMINO DE REGRESO A CASA, INGRESAMOS AL *KOKODRIL* a echarnos una cola (última copa). Nos adentramos en un destartalado *dive* (bar), un auténtico *sjebien* al aire libre, unas láminas lo medio cubren de las lluvias tóxicas. Lo que primero me capturó fue una música incómoda, unas expresiones que no entendí, después el Anti me dijo que iban más o menos así:

> *Se da dique que hace poco le fajaron la mancada*
> *y fue culpa de una nami, que de puro rechiflada,*
> *casi ortiba los aprontes que le daba en el bulín: Cartón junao*[1].

En esta confusión me encontraba cuando llegó un chico silbando: «Buenas, Anti».

«Buenas, Pocho BB. AA. ¿Cómo la campaneas, che Chalán (ayudante)?».

«*'Así de gusto en gusto, llena de plata vos encontrás la vida color salmón, pero yo que soy pobre como una rata, la campaneo sin grupo, color carbón'*: Pituca. ¿Y vosé, como la campanea chera'a (amigo)?».

«*'En la estufa'* (aburrido), acobachao (*'triste, amargado'*), sin garufa (diversión), virolo (*'neurasténico'*) y *'cortao'* (solo): *Al mundo le falta un tornillo... descarrilao, meta: el abismo*».

«*¿Quién es su camarón* (camarada)?».

«Un alma sin pelo en pena»[2].

«El desencanto encantado, choque esos cinco claveles (salude). ¿Y el paquete (encargo) mi valedor (amigo)?».

---

1 Presume le apalearon mientras robaba, pero fue porque golpeaba a su concubina en el cuartucho que comparten.

2 Probable juego de palabras: Antes decían: «ánima pelona» cuando una persona estaba sola. Aquí se le agrega que le cortaron el pelo y anda penando. Ánima > alma. Una persona de mal vivir, al morir, para purgar sus culpas su alma/espíritu penaba en una especie de vacío; en otros sitios se le llama Hades.

«He andado busque y busque y *namaná*. Pero estoy seguro de que por ahí lo tengo. Tan pronto como lo encuentre...».

«Eso me *cotorreó* (dijo) la última vez gomia (amigo). ¿No me lengüetié (engañe) que buscando anda el acetato rogando no encontrarlo?».

Se eleva el volumen de la música, tanto el Pocho como el Anti cierran los ojos. *Qué música tan rara, instrumentos extraños, no cantan, ni gritan, ni siquiera comentan: no es flor, brisa ni caricia, ni siquiera puñal ensangrentado; es un camino espinoso y el romero (peregrino) va descalzo*: ELDA. Ambos tararean:

Ya están los pingos frente a las huinchas, caracoleando nerviosamente: Marchant Solo.

«...Esa es música, "no chingaderas", como dice mi *jomie* (amigo)».

~ 2 ~

Mientras ellos cantaban me afané para intentar entender el abundante grafiti en la única pared del local, hecha de tierra (adobes).

- *El reptil del lupanar*: Lugones.

- *Caracanfunca. ¿Qué significa, pregunté a un amigo, caracanfunca?, y me dijo que es el estado de ánimo de un hombre que se siente caracanfunca*: Borges.

- *El Negro Casimiro (violín) y el Mulato Sinforoso (clarinete)*: Míticos creadores del tango.

- *El queco (1874); Tango N° 1 (Machado, 1883); El choclo (Villoldo, 1906)*.

- *Concha sucia, Entrada prohibida, Métele fierro a fondo*: Tangos procaces.

- *El raje, Cartón junao, Barajando, Chichipia*: Lunfardo.

- *Los tanos: Bavilacqua, De Bassi, Vicente Greco* y su Orquesta Típica Criolla.

- *Bartolo tenía una flauta con un solo agujerito y su mamá le decía: 'dejá la flauta Bartolo'.*

- *Intimidad arrolladora*: Lugones.

- *Fiebre y orgía, placer y locura*: Tango BB. AA.

- *Ritmo, nervio, fuerza, carácter*: El Rey.

- *El as de bastos, abrelatas, butifarra, cirio, clarinete, dedo sin uña, ganso, berenjena, badajo...* (el hombre)

- *Cotorra, cajeta, cosa* (la mujer)

- *Yira, trotera, turra...* (prostituta)

- *Repisas, balancines*: senos.

- *Ratifusa*: vaga, desvergonzada, haragana, de atorrante > rante > rantifusa; *marrusa*: castigo, paliza; *canusa*: prisión.

~ 3 ~

Al lado de nuestra mesa: Fotos en blanco y negro de Villoldo Matufias (*O el arte de vivir*), Panzio y Greco; la Zazá, Lola Membrines, Linda Thelma (*El vivo vive del zonzo y el zonzo de trabajar*), Manolita Poli, Andrée Vivianne: La guardia vieja.

Allá, bajo la fotografía de un ciego, intento entender, alcanzo a descifrar:

Alto lo veo y cabal/con el alma comedida/capaz de no alzar la voz/y de jugarse la vida: Jacinto Chiclana.

Más allá en un cartón pegado a la pared con un clavo mohoso, dice lo siguiente:

ALPISTES

Los dopados

Gallo ciego

Uno

Sus ojos se cerraron

¿Dónde hay un mango?

Che bandoneón

Tinta roja.

Mis acompañantes detectan mi entera confusión.

«Barájasela más despacio al *pajarete* (tonto), aquí».

«Mire gomía (amigo), *Los dopados* es mate caliente; *Gallo ciego* es milanesa de pollo, no tenemos; *Uno* son medias lunas; *Sus ojos se cerraron* es grappa; *¿Dónde hay un mango?*, es café con leche; *Che bandoneón* es chimichurri, con churrasco, desde luego y; *Tinta roja* es té de tila. *¿Qué le acercamos?*».

Tras una breve explicación del Anti me atreví:

«Un *¿Dónde hay un mango?*, y un par de *Unos*».

«*¿Tototanas* (Empanaditas)?[3]».

«Muéstrale la *Margot*»[4].

Saca una hoja de papel ya mil veces manoseada, grasosa, apenas alcanzo a leer:

PASTO/MORFE

La cumparsita

La gorda

La turra

El bandoneón

El choclo

Porteña

El compadrito

---

3 *Tototana* significa el sexo femenino, aquí, quizá con picardía lo usa como sinónimo de empanada.

4 En referencia al tango del mismo nombre, habla de la maltratada carta o menú.

En total confusión me encuentro. Nadie me auxilia. Por fin dice Pocho BB. AA:

«Son empanadas: *La Gorda* es de carne, es desde luego, la más popular; *la Cumparsita* es de pollo; *la Turra* trae espinacas con queso; *la Bandoneón* carne de chancho picadita; *el Choclo* de lo mismo (maíz tierno); *la Porteña* de atún; y la *Compadrito* es de chorizo».

Ordené dos *Gordas*.

~ **4** ~

Mientras comíamos escuché un desfile de letras deprimentes, lacrimosas, de brutal honestidad:

- *Aprendé a ganarte un peso/que para hacer la sopa/tu vieja salvó la tarde/pidiendo prestado un hueso.*

- *Y tu vieja, ¡pobre vieja!, lava toda la semana/pa' poder parar la olla con pobreza franciscana/en el triste conventillo alumbrado a kerosén.*

Se sucedieron temas de amor, del arrabal (vecindario), de desengaño amoroso, de la muerte, del diario vivir, ensalzando la misma música y del paso del tiempo.

- *Fiera venganza la del tiempo/que le hace ver deshecho/ lo que uno amó...*

- *Rara/como encendida/te hallé bebiendo/linda y fatal.../ Bebías/ y en el fragor del champán/loca reías por no llorar...*

- *La esquina del herrero, barro y pampa/tu casa, tu vereda y el zanjón/y un perfume de yuyos y de alfalfa/que me llena de nuevo el corazón.*

- *Que esto que hoy es un cascajo/fue la dulce metedura/*

donde yo perdí el honor/que chiflao por su belleza/le quité el pan a la vieja/me hice ruin y pechador (estafador)...

- *Sus ojos se cerraron y el mundo sigue andando...*

- *Todos en plena palmera/llevan la cartera/con cartel de defunción.*

- *Canta el tango como ninguna/y en cada verso pone su corazón/A yuyo del suburbio su voz perfuma/Malena tiene pena de bandoneón*[5].

~ 5 ~

Mientras intentaba darle algún sentido a lo que decían los sonidos y a la charla (esa triste forma de desperdiciar el tiempo en la Barbarie, hablando de cosas sin importancia o largando anécdotas cuando uno bien pudiera estar viendo sus 400[6] videos diarios o invirtiendo su tiempo en VV). Sucedió algo que me desconcertó más, espero me entiendan. Me esfuerzo para intentar describir lo sucedido.

Flashback o Flashforward: Cine Martirio, interior, noche calurosa:

REX INGRAM'S

producción de

Vicente Blasco Ibáñez

obra maestra literaria

Los cuatro jinetes del Apocalipsis

Julio Desnoyers: Rudolpho di Valentina

---

5 Letras de tangos: *Chichipia, Margot, Los dopados, Sur, Esta noche me emborracho, Sus ojos se cerraron,* ¿Dónde hay un mango?, *Qué vachaché y Malena.*

6 En una cultura de lejano pasado el decir 400 equivalía a 'infinito', así fuesen las estrellas o el canto de un ave de variadísimas voces. No se aplica a las arenas, que son como el libro, infinitas.

TRÁILER DE LA PELÍCULA: Al ritmo de *La cumparsita* con piano, violines, guitarra, se incorpora un masculino (*trasvesti* de gaucho: con pantalón bombacho de campo, cinturón ancho, sombrero con dos borlas; (llorado, RIP a los 31) y una muslona *trasvesti* de flamenca: (Beatriz Domínguez, trágico RIP a los 24).

(Para que mejor me entiendan espero hayan visto, caso contrario, les recomiendo un video de unos bichos que algún día existieron, creo les llamaban áspides, después me confirmó el Anti que aún existen unos cuantos y me mostró unos botines hechos con esa piel).

Efectúan los bailantes una ceremonia en cercanía uno del otro, se desplazan con movimientos ágiles; se incorpora un borracho, tambaleante se dirige a los bailantes, les aplaude, otro lo aparta de la escena; dan tres pasos adelante y retroceden; se inclinan, cadereo, voleo, arrastre, barrida, envoltura, pasan a un contacto de ambos bailarines (*tan íntimo que no siempre hay luz*: Carlos Bunge), entretejen sus miembros en una ceremonia que pudiera ser de seducción, así le dicen en la Barbarie. Recuerden que este concepto no existe en nuestra sociedad, más normal, informal y práctica, donde cualquier encuentro se da de acuerdo mutuo y sin titubeos, ni preámbulos, ni compromisos, el cuerpo ajeno es objeto de consumo y nada más, un acto casual: *fast food* le dicen unos; postre, otros.

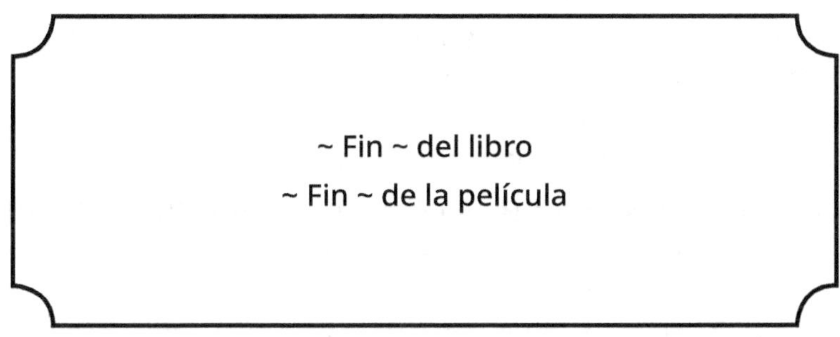

~b ~

«Pasión», escuché decir al Anti;

«Sentimiento», dijo Pocho BB. AA. Ambos se encontraban en eso que llaman 'éxtasis', otro sentimiento desconocido, aunque parecido a lo que llamamos desahogo, aunque no a gritos saltando y pataleando como lo hacemos en El Tabernáculo de los Sueños o cuando poseemos[7] un video. Entre ellos es una expresión más personal, dan voces firmes que no llegan a gritos: '¡olé!', '¡bravo!', '¡brava!', '¡salpica tu sangre!', '¡échale!' '¡ay ay ay!'; dichas ya sonriendo, ya torteando las manos. Es parecido a nuestro baile, aunque el nuestro es más individual, nos acercamos a la mujer o al hombre para semejar la cópula, ellos la sugieren, no la ilustran. Vaya espectáculo tan extraño. No pudiera afirmar que me repulsaba, por el contrario, sentía cierta atracción hacia el baile, la música me empezaba a seducir.

~ 7 ~

Por mucho tiempo siguió la música y los bailantes, apenas recuerdo abandonar, a tumbos, el sitio. Desperté al día siguiente sobre un hule espuma sólida, pero cómoda.

> *Shakespeare, Dostoyevsky, Tolstoy, Proust, I can't do that. They*
> *are all great. A firmament. But one still has a lot of energy:*
> *something is still simmering. That's a soup, which will never*
> *be done. One stirs and stirs and stirs. I have the feeling that*
> *what I'm doing is worth doing, otherwise I couldn't do it.*[8]

Me despierta un marcado aroma desconocido. Me incorporo y voy a la pequeña cocinita. Sobre la flama el Anti revuelve unas semillas que de verde se tornan oscuras. El intenso olor recorre por todos lados.

---

7   En el sentido de no sólo ver y escuchar, sino participar cantando, bailando, gritando.

8   Thomas Bernhard: Yo no estoy a su nivel. Ellos son los Grandes, firmamentos. Pero aún tengo energía, algo se mueve adentro. Es como un caldo que nunca termina de cocinarse. Lo meneo y lo meneo y lo sigo meneando. Me he convencido de que vale la pena seguir escribiendo, de lo contrario no lo hiciese.

Me pasa el disco frente a las narices y me invita a poseerlo. Al ver que titubeo me muestra como si fuese algo sólido, con las dos manos atrae el humillo hacia sus narices. Entonces saca un cajón con una palanquita, le da vueltas, le reditúa los granos ya molidos. Los introduce en un calcetín y les echa agua caliente: *chanate* (café).

«¿Y la crema y la azúcar?».

«¡Ay amigo! Entonces, ¿qué quiere tomar, esos teteros que sirven en el K, lechosos, azucarados, adornados, artificiosos, o un verdadero, auténtico *chanate*?».

El Anti me acerca un cubo, el líquido caliente ardiente, espero a que se temple. Salimos del cubículo y nos ubicamos en asientos improvisados. Aquí y allá pasa gente, todos saludan:

«Buenas mañanas», con una sonrisa responde el Anti, después lo imito. Ya acomodados, con su habitual intuición nota mi expresión de despiste, le ruego me ayude:

«¿Qué es el Tango?».

Se quedó con la expresión de estar pensando y repensando lo que va a decir:

«Gotan. ¿Un puñal?, como dice Lugones, pavadas che. Mirá es fácil: Letrista Musicante Cancionista.

«El Tango es el letrista, Enrique Cadícamo, el poeta de la lluvia y la niebla (*Garúa*), y el musicante Pichuco le arranca sollozos al *Arrugao* (bandoneón); los dos se mezclan con las quejas del 'Polaco' Goyeneche:

¡Perdiiido!

Como un duende que en la soombra/

Más la busca y más la nombra/

Garúa... tristeza.

«Cuando le preguntaron por su método de trabajo: "Un poco de imaginación, un rincón de un cabaret y algunos cigarrillos". Escuchá». Pone en su viejo *gramophono* varios círculos y va identificando los acordes, todos de Cadícamo:

Al mundo le falta un tornillo, Gallo viejo, Los mareados, Niebla del riachuelo, Se fue la pobre viejita.

«El Tango es también otro letrista, Discepolín, canta la vida como un mundo de desengaños, mentiras, abusos. En *Qué vachaché* se queja: *El verdadero amor se ahogó en la sopa: la panza es reina y el dinero Dios.* Es también la voz de la Tita Merello, vocalizando *El choclo* (1947), acompañada de la Orquesta de Francisco Canaro, un 23 de julio 1954; Así mismo, es *el Desengaño, el Materialismo, lo Absurdo* de la vida, ya previsto por Kafka:

Sí es lo mismo el que labura
Noche y día como un buey,
Que el que vive de los otros,
Que el que mata, que el que cura
O está fuera de la ley...

«Esa frase genial: "El mundo fue y será una porquería". Aquí el más grande de los Tangos: *Cambalache*; no hay que olvidar *Yira Yira* con Carlitos. Y con los tangos, con tanta carga de tristeza dan ganas de:

Esta noche me emborracho bien,
me mamo ¡bien mamao!
pa' no pensar.

«Un 17 diciembre 1927, acompañado de las liras de Barbien y Ricardo, gorjeó Carlitos; *Mano a Mano*: y recuerda otra chulada de Gardel, *Volver*, Sentir, Vivir, o la *Canción desesperada* con Nelly Omar y la Orquesta de Canaro. Pero vamos a salir a caminar, pues estoy *acovachado* (triste)».

Salimos a caminar por la calle de los Caídos. Un par de escandalosos gritan a lo loco:

«¡Dígame algo caballero! ¡Dígame algo!».

«*Margot*, con Carlitos; aunque también destaca Edmundo Rivero (c); *Naranjo en flor*, de Expósito, al ritmo Pichuco; *Nieve*, con Agustín Magaldi, creo que el compositor conocía la obra de Dostoievski; esa gran decepción al volver a ver a la amada al pasar el tiempo: *Yo tengo un retrato de aquellos veinte años cuando eras del Barrio el sol familiar,* con Juan D'Arienzo y la voz de Echagüe.

«Cómo olvidar el himno a la música: *Para vos hermano Tango*; *Con una guitarra y un bandoneón, ¡se valiente no aflojés!* con Expósito (l)/E Rivero (c); u otro tango perfecto *Sur*: con Pichuco y Rivero; el lamento: *Te odio y te quiero* con D'Arienzo y Alberto Echagüe, *Un solo minuto de amor, Percal*[9], *Paciencia, Cartón junao, Ladrillo, Y suma y sigue, Y todavía te quiero, Yuyo brujo*; *Risa, Alcohol, Amor fugaz, La Mishiadura* (miseria), *La Soledad, El Cabaret Armenonville con confitería y cocina de primer orden, el Petit Salon, el Palais de Glacé, La Timba* (naipe), *La Prisión, Los Guapos, Llanto, Decadencia, Muerte en BB. AA. entre las Nieblas del riachuelo*. Eso y más es el Tango. ¿Me entendiste o te la cuento de nuevo?

«Mirá, la cosa es fácil, tenés un *gil* (tonto) apaña una percanta (mujer), ella se manda mudar, mejor dicho, se va con un *cafisho* (proxeneta), el abandonado cuenta sus cuitas a una cuarta persona, que eres tú que escuchas sus quejas cantadas. Así de sencillo, para qué complicarse la vida. Podés cambiar la *paica* (amante), por la *drema* (madre) abnegada. También puede ser que el que se va es el hijo, por lo general con una *turra* (prostituta). Puede ser el *tano* (italiano) que deja el *pago* (la patria chica) por otra, eso es, el abandono. Al llegar a otras tierras, el *cocoliche* (emigrante) desplaza a los más pobres, la historia se repite. Pero si te parece muy complicada mi versión, que lo es, evítate broncas. En *Las notas grises* de Borges ¡están todos los tangos registrados, todas las leyendas, todos los pasos, todos los letristas, cantantes y musicantes, minas incluidas[10]».

«No entiendo por qué tanto escándalo si una mujer se va, inclusive hasta escuché la letra de uno que se suicida, ¿cómo va?: *Cuando se oyó sonar allá en la oscuridad el disparo de una bala fatal; Y chau... ¡Vamos a dormir!'*».

---

9 En nota aparte: Expósito se enfrenta a la censura: Venimos a ver que nos explique por qué no se puede tocar el Tango (*Percal*); Le responde el censor: Por la temática. Fíjese que se trata de una chica de quince años que se escapa de casa.

10 Quizá se refiere a *ELDA*. La interminable sección de este libro que trata del Tango se imprimió en una versión pirata conocida como *Las notas grises del emigrante bajo la lluvia*. Subsecuentes versiones, atribuidas a Borges, al parecer plagiadas por la Kadoma, portan de título: *Notas grises*.

«No se hagá un lío, alguna vez le explico las cuestiones del corazón. Creo que en el Konzortium le dicen 'desconcierto cerebral' cuando uno no actúa de la manera que ellos ordenan, por ejemplo: ¿Por qué se empeñá en salir a la Barbarie a pesar de que se la sentenciaron ya tantas veces? Bueno ahí la dejo, chúpese esa *veintitena* de Tangos», me dio una lista, «después hablamos... si no se ha volado la tapa»[11].

«Espera un momento... ¿Entonces podríamos decir que es la música clásica porteña?».

«Posible».

«Del desengaño del emigrante que sueña con mejorar su miserable condición y que choca con la terrible realidad de lo fugaz de la salud, del amor, de la vida».

«Ya lo dijo Copérnico: 'Por naturaleza soy mortal y efímero'».

«O sea nuestra realidad. ¿Cómo le llamaste?».

«La condición humana del emigrante errante».

«¿Y qué es la condición humana?».

«Estaría aquí por días si se lo intentara explicar, lea *El código de la Vestal*[12]».

El Tango es Vida, el Tango es la Vida. Eso pensé, pero no lo expresé.

~ 8 ~

Me oprimía un terrible dolor de cabeza. Opté por volver al Konzortium. Marqué al *casspir* blindado y pasaron por mí.

Camino de regreso rehusé el trago que me invitaron el Zamurai y el Zenturión. Traía la mente caliente, en total rebeldía, no podía ligar dos pensamientos, quería huir de mí mismo, de tanta barrabasada,

---

11 Suicidarse con un tiro en la sien.

12 Primero fue una sección del ELDA, después se imprimió una edición independiente. Se publicó con el título: *El código de la Vestal: manual de conducta en un mundo irracional*.

tan complicada, tan enredada, para qué liarse la vida si es tan sencilla. ¡Basta!

Al llegar a mi AP, para relajarme, me propuse jugar *Grand Auto Theft*. Versión 3 o 4, 5 o 6, no importa. Mas no podía alejarme del tango. Pasé la lista al Ojo Mágico de la Ventalla *princeps*.

«¿Qué nombre le damos a tu *Playlist*?», inquirió el Ojo Mágico.

«*Tangos Lala*. ¡Tócalos!».

Resultaría difícil, cuando no imposible, describir la multitud de emociones que desfilaron por mi mente mientras oía los tangos. A un costado ardía la vela de cera y perdí la cuenta de cuántas copas de once kilos de uva consumí, para darle prisa al mal rato... disculpen, sin querer usé una expresión del Anticuario.

Mientras más escuchaba más me iba hundiendo en una especie de bilis negra y tristeza. Ese sentimiento que en el K llamamos *virus*. No me refiero a su significado anticuado de una partícula microscópica que invade el cuerpo humano y se propaga.

~ Avaricia (Greed, 1924) ~

El *lión mudo* de la Metro de Meyer

Presenta

Productor: Erich von Stroheim.

Avaricia (Greed)

Gold Gold Gold Gold: amarillo brillante, duro y frío, fundido, grabado, machacado, modelado, difícil de conseguir, fácil de perder; robado, prestado, malgastado, obsequiado.

~ 2 ~

DESPIERTO EN EL *KONZORTIUM*, DENTRO DE MI PALACIO. DIRIJO MIS pasos a la *Tazadoro*, pido lo acostumbrado y me siento en una *pantax*.

Noté que todos a mi alrededor atendían el *ALLK*. Veo por la *princeps* el *slice* que todos admiran (*Slice: Video de corta duración, algunos cincuenta y nueve segundos, por lo general, anuncios comerciales musicalizados*).

Un grupo de *vixen*, chiquillas vestidas con minis *Hervé Léger*, camisa blanca, corbata, tobilleras y *stilettos Blahnik*, a dos colores, gritan:

«¡Todo!».

«¡Todo!», repiten al unísono los que me acompañan en el local, sin alzar la vista del *ALLK*.

Se repite el grito de guerra hasta que las nenas caen rendidas pero satisfechas. Mis acompañantes, sin levantar la vista del *ALLK*, *aúllan furiosos, aplauden. Finis*.

De inmediato aparece en la *princeps* un *Gordo* enjoyado, el *omni* enfoca al *Cachetón, close-up* de los labios que largan un gritote: ¡Money! (*Omni: el breve aparato que todo lo graba, aún en plena tiniebla*).

El Puerco locomotorea a ritmo hyper.* Se cuelga el *Rolex* y los *Oakley* oscuros, toma dos maletines, un *Président Classeur* y un *Hermes* y se larga *chapulineando*. (**Locomotorea: Se ejercita bailando, gesticulando de forma vertiginosa*).

Lo aguarda un *He–Man* malencarado, solícito le desveda el acceso a un Lamborghini rojo bien *embetunado*. El *Nalgón* pilotea en un arranque desaforado. El colorado vuela al lado de una cocotera, pasa por un interminable platanal, por un cafetal. Vocifera:

«*¡Money!*».

Todos a mi alrededor aúllan:

«*¡Money, money, money!*».

Merman un tanto el volumen y la velocidad al llegar al *Casino Royale*. Desembarca el *Cerdo*, ligero se dirige a la *roulette* donde varias *seductrixes* de labios escarlata enrolladas en breves y transparentes vestidos, boquiabiertas, lo miran. El *Rechoncho* posa el *Président Classeur* sobre la mesa, lo descorcha, repleto de krugerrands, centenarios, escudos dorados, grita:

«*¡Money!*».

Avienta un puño de amarillos sobre la mesa. Con el índice indica el número 13. Consternadas miradas de los mirones y del *croupier*. Rauda la bolita bordea la ruleta, por fin se planta en la letra M. Gana el *Lechón*.

«*¡Money!*».

Abandona el Casino seguido por tres *aracnes**, cada una porta un maletín. (**Aracnes: seductrixes vestidas de negro con labios escarlata, reducida cintura, lucen signos de $ $ tatuados en los senos*).

Aparecen otras dos *seductrixes*, una le entrega una copa de *Perla Negra*, otra le enciende un *Cohiba*. Les agradece con un beso y las despide con una frívola nalgadita-caricia.

Se adentran en un *alcobón*, al fondo, tras los *french doors*, invitan ondas de aguas azzurri, arenas albinas. Las aracnes se despojan de sus ropas y quedan con un hilo dental por toda descubierta, retozan en las arenas, se zambullen en el líquido consagrado. Con el crepúsculo los cuatro ingresan a la cámara. Se clava el Panzón sobre el *futón*, los hilos dentales se le acercan, se cierra la puerta. *Finis*.

Se incorporan los espectadores aullando:

«*¡Money, money, money!*».

Los dejo en su *gaudeamus**. Voy a mi Station, me encincho con el cordón umbilical y me entrego a mis obligaciones de asocio. (**Gaudeamus: Canto celebratorio*).

~ 3 ~

Desconcentrado me encuentro aún tras concentrado, intenso y fuerte esfuerzo de enfoque. Primero me flagela la mente «*Todo*». Cierro los ojos, respiro profundo, intento concentrarme, no lo logro; me retumba «*Money*», vuelvo a respirar, pero pierdo la hebra. Se entrampa la *Station*. Enormes letras escarlata en brinca y brinca, me arrancan del embobamiento:

Error

Error Error Error

«Con-cén-tra-te», me tomo la cabeza con ambas manos, cierro los ojos y respiro más que profundo y cuento al *ralentí*: Ianus, februa, martius, aprilis, Maia, Iunius, Iulius, August, septem, octo, novem, decem:

Con-cén-tra-te/Breath Deeeep.

Pero en vez de orientarme, la mente desboca: *Te odio y te quiero y llevo en mi pecho un infierno por vos, por eso te odio, por eso te quiero...* (tango); *Rumbo a Siberia mañana, saldrá la caravana...* (tango *Nieve*).

Se restaura la pantalla del *Station*, reinicio, pronto me da otro:

Error/Horror

Se repite la cuenta, ahora con un respiro profundo tras cada número. Entra la voz de La Zerebro:

«¿Qué te sucede muchacho? Es la primera vez que llegas al segundo sótano. Vamos a ver, cierra los ojos y respira, respira profundo, otra vez; recuerda: tu meta es el triunfo, el triunfo total, ya lo planificamos, ya visualizamos los objetivos, ya nos enfocamos en qué atacar primero. Ahora: disciplina – optimismo – consistencia. No te olvides de mí, aquí estoy para despejar cualquier duda que pueda desviarte de tus objetivos. Vamos de nuevo: diez – nueve – ocho – siete – seis – cinco – cuatro – tres – dos – uno. ¿Estás listo? Hay que tomar las cosas con calma, no estás solo, recuerda que alguien siempre te está cuidando las espaldas. A ver, tómate una *Alertec*».

«No tengo, se me acabaron».

«Express a la *Boutika*. Chaucito».

Me *desumbiliqué*, fui a los aseos y con calma me enjuagué la cara con agua fría. Dirigí mis pasos a la *Boutika*. Me identifiqué.

«137, tenemos *Alertec*, *Olmifon*, *Nuvigil*, *Flouren*, ¿de cuál le dispensamos?».

«¿Cuál recomiendan?».

«La más efectiva es *Modafinil* (*Alertec*, *Modavigil*, *Modiodal*, *Provigeil* o *Modalert*)».

Apuro dos grageas. Me pongo a leer las precauciones que acompañan el medicamento:

Alertas y precauciones:

- Prurito (comezón, irritación de la piel): DISCONTINÚE USO.

- Hinchazón o alergia violentas: síndrome Stevens–Johnson; necrólisis epidérmica tóxica (TEN); Irritación con eosinofilia y síntomas similares (DRESS): A URGENCIAS.

- Hipersensibilidad en cualquier órgano: DISCONTINÚE.

- Insomnio: CONSULTE A SU MÉDICO.

- Pacientes con sicosis, depresión o manía: OBSERVAR/ DISCONTINÚE.

- Irregularidad cardiovascular: DISCONTINÚE.

- REACCIONES: náusea, mareo, insomnio, dolor de cabeza.

~ 4 ~

Pensé por un minuto: voy mal, muy mal. Mas, al regresar a mi *Station*, me sentí planear en la estratósfera, aliviado, ligero, tan pronto me *umbiliqué*, me concentré en la tarea. Trabajé por un buen rato. El chillido de la llorona irrumpe:

Error/Horror/Terror

Disengage!!! Disengage!!! Disengage!!!

Se congela la *ventalla*. La *Station* me manda a:

Superación.

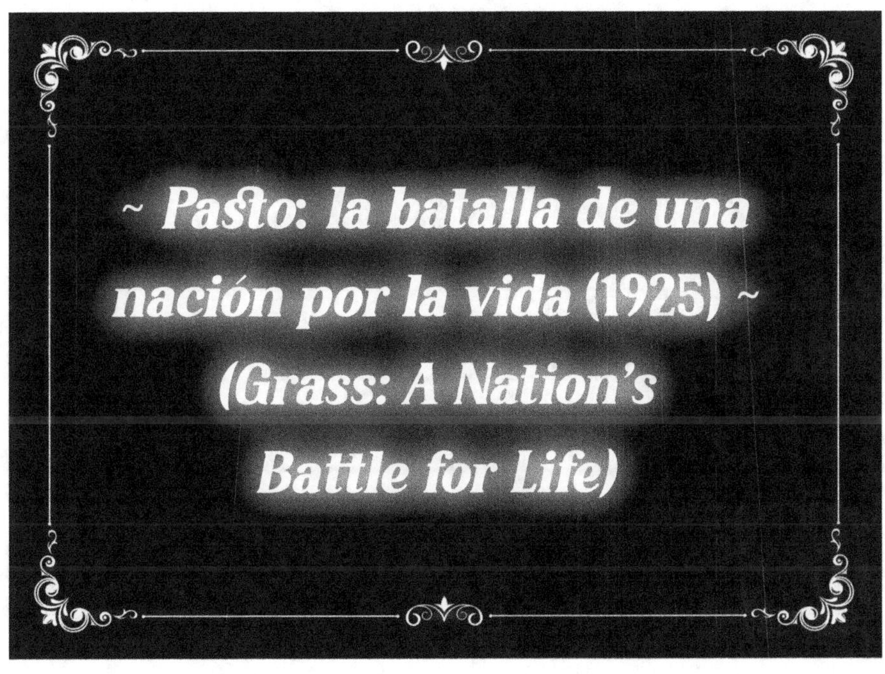
~ Pasto: la batalla de una nación por la vida (1925) ~
(Grass: A Nation's Battle for Life)

UN BUEN DÍA SALIMOS EL ANTI Y YO A CAMINAR POR LA SENDA (autopista abandonada o camino hecho por los pasos sin cuenta). Primero y, como de costumbre, antes de partir, pasamos por la casita de doña Tecla y le pedimos su bendición:

«Agachen sus cabecitas». Vi que el Benny se posó de rodillas, agachó la cabeza y cerró los ojos, yo hice lo mismo. Se desgranó una oración que medio entendí: «Por medio de la virgencita de Guadalupe, que tengan un buen viaje: que el Señor esté en el camino, y su Ángel los acompañe, *In nomine Patris et Filii et Spiritus Sancti. Amén*». Dimos las gracias y emprendimos la caminata.

Por el camino interrogué: «Pensé que tú no creías, que eras...».

«Soy agnóstico, hereje, masón, descreído, sacrílego, ateo, pero soy ateo guadalupano. Eso no cualquiera lo entiende, menos ustedes que son todólogos».

~ 2 ~

Ya en las afueras de la Barbarie poblada la luz natural me hostigó la vista con una potencia desconocida, me causaba molestia e irritación; casi quedo ciego cuando se aclaró el cielo y se empezó a vislumbrar el disco solar. Mientras más caminábamos, más luminosidad. Extrañé mis *Fave Oakley*, que son tanto teléfono como televisión, así como protectores de la vista, los olvidé en el K. Fue entonces que el Benny al enterarse de mi penar me rescató:

«Olvidé que tiene ojos de *tecolote* (ELDA: ave nocturna), ¡tome!». Me prestó unas *antiparras* de cristal, modelo anticuado, de colección. Aunque un tanto pesadas las soporté. Me quitaba los lentes a menudo, me ardían los ojos y por inercia me los frotaba para brindarles un poco de alivio. Durante un descanso el Anti sacó un tubérculo (patata) y un puñal, cortó dos pequeños discos, ordenó:

«Tírese en el piso y póngase estas rebanadas en los ojos por unos minutos». Aunque no estaba acostumbrado a acostarme sobre el piso, en medio de la nada, lo hice por vez primera. Imposible encontrarme cómodo, extrañé mi *cumulus*, esperé un rato. «¡Lávese!». Me incorporé adolorido. Me pasó la *caramayola* (*water bottle*), di un trago, me lavé la cara y me sentí fresquito, levanté la vista, miré a las alturas. El Benny me señaló unas manchas por todo lo alto.

«Copetes (*cirrus*)».

Me puse de nuevo los lentes y miré a las alturas:

«¿Qué son?».

«Nubes, chavo, aunque estas no traen agua».

«¿A poco también esas manchas tienen su nombre?».

«Así es, morro, no son manchas, son nubes, *cirrus* para ser exactos. Guáchele, como las flores, las mujeres y...». Se detuvo, tomó una piedra negra con muchos orificios, la examinó: «ígnea, basalto del precámbrico, ¿qué le parece?, más de mil millones de años. Compare con los míseros cuarenta y ocho años que tiene el KPSA».

«¿Pero, por qué te mortificas con estos datos inútiles?, es sólo una piedra y, ¿a quién le pudiera importar cuándo o cómo se haya formado?, ¡vaya manera de perder el tiempo, amigo!».

Me miró con cara seria. Buscó la mejor manera de expresarse:

«¡Qué viva la ignorancia!, o más bien, que sea feliz dentro de ella. Sabe *haragán*[1], ¿qué nos distingue de otros animales?».

«El IQ, somos infinitamente más inteligentes que cualquiera de los animales, lo vi en el programa *Las Antípodas*, mucho más que los bonobos, por ejemplo».

«Bueno, eso de que somos más inteligentes que los changos está por verse. No hay duda alguna que tenemos la capacidad, que muy raras ocasiones usamos, de pensar, de deducir, de imaginar, de crear algo nuevo pero, eso es todo. Tener la capacidad como acostumbran ustedes, es una cosa; nos fue dada sin pedirla, vino incluida en el paquete de la vida pero, activarla, cultivarla, refinarla, expandirla, esa es otra cosa muy distinta. Atienda, como dijo El Palillo, todo, con la ex-

---

1 En el significado árabe, de animal, no de perezoso.

cepción del disco de Odín[2], tiene su derecho y su revés. Podemos pasar por esta vida sin tener la osadía de tratar de entenderla, como acostumbrarán ustedes, viles konzorzieros que comen y *zurran* (defecan) bueno, también duermen, aunque necesitan drogarse para lograrlo y desde luego, vegetan. ¿Y, para qué usan ustedes la inteligencia? Les inculcan que el único fin es robar al prójimo. Entre más lo hagan más recompensas para ustedes: golosinas, enervantes, bonos, *jerseys*, viajes a *Topía*. ¡Caray!, lo que necesitamos es todo lo contrario. En tiempos *gachos* (malos) como ahora, se necesita solidaridad».

«¿Solidaridad?».

«*Caritas* (caridad), dar, compartir con el que no tiene, que son la mayoría. Pero ustedes hacen lo contrario, pisotean al de abajo, lo engañan, lo roban cuando se descuida...». Imaginé que se trataba de un jueguito de palabras a los que era tan afecto, pues eso de pisar al caído no tiene sentido alguno. Aunque después pensé se refería a los expulsados del K.

«... Mire, hay que usar el cerebro para el bien común o para ir adentrándonos en los secretos de la vida. Es tan corta para perderla en tonterías, como usted y sus *secuaces* (asocios) que se la pasan jugando esos *deschavetados* videovidas», (ELDA: des/chaveta: s. de un puñal, la parte por donde se pulsa. Adj. Por extensión el que no piensa, pues no tiene cabeza [chaveta], que no deduce, incapaz, torpe). «Deje le doy un ejemplo. Estas rocas, piedras como usted les denomina, son producto de la erupción de un volcán», (recordé haber visto uno en *Las Antípodas*, violentísimo, por cierto). «En el pasado los artesanos usaban esto, mire bien, esto (se toca la sien), tiempo y paciencia y persistencia. Tallaron instrumentos manuales para la cocina como el metate, el molcajete (mortero). Los más diestros, los artistas, esculpieron figuras de singular belleza, por lo general dioses, aunque también cosas comunes como un *Itzcuintli* (ELDA: Animal tanto guardián como de caza, ya domesticado) o un luchador (gladi-

---

2 Un disco de un sólo lado, algún día codiciado por Borges.

ador). ¿No me diga que cree que siempre tuvimos *ALLK*? Antes había que buscársela sin electricidad, sin máquinas, sin lo electrónico». Seguimos caminando, se detuvo frente a un *yuyo* (yerba silvestre) de color amarillento.

«Por pereza bien podemos decir «piedra", "flor" o "bichito" (insecto) pero, no precisamos, todos tienen su nombre y sus características. Ya depende de uno informarse o quedarse en la penumbra, en la ignorancia y, ¡viva la *ignorancia!* Mire, esta es la *gobernadora*, se distingue por los pétalos (parte de la flor), tiene cinco; entérese que cada parte de esta flor tiene su nombre. Vea aquí», muestra los pétalos y arranca uno. «La tizana (*usia*) la usaban contra el gálico (enfermedad venérea) aunque después su uso cayó en desuso. Le advierto que el té es amargo. Recuerde, todo lo amargoso es bueno para el cuerpo humano, todo lo dulce es dañino».

«Pensé que sólo las *konzorzieras* (rosas azules, *applause*) y las *poinsettias* son flores, las demás son yerbas como esta».

«Claro, ustedes viles *reptiles* (ELDA: un animal que se arrastra) piensan que sólo hay rosas azules transgénicas, esas falsarias de laboratorio, sin aroma ni insecto alguno, las que tanto abundan en cualquier celebración en el K., y esa otra que exhiben para conmemorar el aniversario del KPSA, *poinsettia*, ¿cuál pinche *poinsettia*?, y luego amarilla, deje lo educo *ox*: la auténtica es roja, bien rojota y se llama *cuetlaxochitl* (nochebuena). La rosa azul desciende de la *rosa gallica* (*de castilla*, también así conocida) que por cierto se usaba para el cutis y se le consideraba, aunque no lo crea, afrodisiaca; cómase unas codornices con rosas, arde cual dragón, cabrón».

«¿Has visto alguna vez un dragón?».

«Cómo será *orejón* (ignorante), son símbolos de la ficción».

Más adelante nos topamos con una yerba con flores de subido color (escarlata), de pronto vi un *drone* que raudo se posó frente a un tubito, metió el largo pico, salió y fue a otro y a otro. Advertí al Benny que estaba ocupado en otra cosa: «¡Mira un *drone*!».

«Ah, cómo será *cuadrúpedo*, ese no es un *drone*, es un *colibrí costa*, también conocido como *chuparrosa*, leucocito y tantos otros nombres. Imagínese, le late el corazón un poco apresurado, algunas mil doscientas veces por minuto, Compárelo con el suyo. ¿Cuántas veces le late cuando está en descanso?».

«No sé».

«Pues mídaselo, *güey*».

«¿Cómo?».

Me toma la mano y empieza a contar:

«Uno, dos, tres... Algunas setenta veces. Casi me olvido, ¿sabía que el *Costa* es nativo de estos lares? Claro que no lo sabía».

«¿Lares?».

«Sí, sí, casa, sitio. Pues el *costa* es nativo de por aquí y la planta de donde roba el néctar, es una *Varita de San José*».

«¿Y qué es néctar?».

«La substancia con que se alimentan. De ahí también las abejas hacen miel y con la cera derivada se fabrican las velas que tanto le gustan».

Entonces vi unos horrendos con muchos picos, de seguro peligrosos:

«¿Qué son?».

«Son nopales chaveños».

Preferí no continuar la conversación, aunque no entendía esa manía de saberlo todo, inútil insaciabilidad. Si ignoro algún dato, pues ELDA, con una simple pregunta, despeja todas mis dudas. Ya estaba cansado, rendido y me empezaban a molestar dos cosas: la sabiduría del Anti y mi marcada ignorancia de su mundo. Tenía la impresión de que él sabía todo de mi realidad. Aunque me confortaba la certeza que el amigo desperdiciaba el poco tiempo que hay en darle vuelta a cosillas insignificantes: piedras, flores, aves, nubes, cactus. Eso sí, entonces estaba seguro, mi amigo no tenía la capacidad, ni la más remota idea, quizá hasta ni le importara lo crucial, lo importante que es el tener a la mano la infinidad de cifras y datos que se requieren para ser un asocio triunfador.

Anduvimos todo el día, tras varias escalas, para personificar cosas sin importancia, para descansar, pues a cada rato se me dificultaba el respirar al no estar acostumbrado a largas travesías, a morder de un queso viejo, de un cereal (pan) sólido (duro) y dar tragos de *usiavid*, no muy agradable. Ya estaba por oscurecer cuando, por fin me pude quitar las antiparras, a la distancia vislumbré las tenues luces de un caserío ya cercano: **Flor de Jimulco.**

~ 크 ~

Caminamos por la única calle con árboles pequeños bordeándola. Varias chozas hechas con un *material negroide*[3]. En la primera hay una barra giratoria.

«¿Qué es?».

«Es la insignia del barbero».

«¿De qué?».

«A ver, como le dicen en el Hoyo, del estético». Nos acercamos. Llama en la campanilla que cuelga frente a la única puerta.

«Van».

Sale un masculino envuelto en una bata blanca.

«¡*Miracolo* (milagro) que se atreve por estas miserias!». Se presenta: «Gusto en conocerlo compañero, soy el *maistro* Abraham, El padre de la multitud, me dicen Fígaro; cualquier acompañante del Anti aquí tiene carta blanca». Nos señala un par de asientos enanos. Veo en un rincón una piedra de la que gotea a una *tinaja* (contenedor de tierra [barro]) nos ofrece un vaso (cubo)[4] lleno de refrescante agua. «¿Una *resuradita?*».

El Anti medio me empuja a un sillón reclinable. Entona una tonada.

«*Largo al factotum della città.*

---

3 Neumáticos, barro y paja.

4 Hecho con un material, llamado peltre.

Presto a bottega che l›alba è già.
Ah, che bel vivere, che bel piacere
per un barbiere di qualità! di qualità![5]».

Fígaro me cubre con un trapo blanco. Me pone toallas calientitas en la cara. Vierte agua *vaporiente* en otro cubo, agita con un objeto (brocha) y me lo aplica en la cara. Vertiginoso pasa un cuchillo por una tira de cuero. Pienso que me va a degollar, crece mi ansiedad.

«Tranquilícese *macho*, no va a pasar nada, le va a quedar la cara como nalga de bebé».

Me afeita mientras canta, de vez en cuando asegundado por nuestro mutuo amigo. Es tanta su destreza con el arma que me voy quedando quieto. Cierro los ojos.

Al concluir me incorporo. Me toco la cara, vaya suavidad desconocida. El Anti ocupa la silla, me siento en el banquito a ver unas revistas sobre una mesa: *Macaco y Chamuco, Ranillas, Cachín, Chamaco, Chapulín, Piocha, El Charro Negro, La Familia Burrón, Los Supersabios...* ¿Cómo les podré describir? El papel es casi de color gris, imaginen *anime* en papel, aunque los personajes, aparte de los Burrón, no tienen ojos grandes. Me entretengo viendo los monillos sin chiste, pasa el tiempo.

«Vamos a morfar (comer)».

Salimos. Andamos por las calles empedradas, pasamos frente al **Huerto Comunitario.**

Varias personas suspenden labores para saludarnos. Nos regalan una cosa verde que no conozco, después me enteré le llaman pepino.

Lalianza

Pasamos por unas fachadas en decadencia: *Hotel Galicia* por un lado, el

---

5 «Abran paso al miluso de la ciudad/ya amaneció, se apresura a su bodega/vida agradable, fino placer/para un barbero de calidad». Dice ELDA, el de la infinita sabiduría, el que nunca se equivoca: *El barbero de Sevilla* (original en italiano, *Il barbiere di Siviglia*) es una ópera bufa en dos actos con música de Gioachino Rossini y libreto del italiano Cesare Sterbini, basado en la comedia del mismo nombre (1775) de Pierre–Augustin de Beaumarchais. Se estrenó como *Almaviva o la precaución inútil*, el 20 febrero de 1816 en el Teatro Argentina de Roma.

Hotel Salvador por el otro. En una plaza, un *minimart*, sobre unas mesas improvisadas, pastos a la venta, me los presenta el Benny:

«Quintoniles, nopalitos, huitlacoches (bolas negras porosas), quelites, verdolagas, todas comestibles, todas sabrosas; nada como un guisito de verdolagas con carne de puerco y chile colorado, unas gorditas de nopalitos con huevo y tantas y tantas delicias que se preparan con estos ingredientes tan sencillos, es más, algunas crecen silvestres y se mantienen con la poca agua que cae en estos rumbos».

En otra mesita temblorosa unos drones bicolores amarillo y negro vuelan alrededor de unas figuras geométricas, hacen un sonido como si se tratara de verdaderas máquinas voladoras:

«Dulces», señala el Benny.

«¿Se comen?», pregunté.

«Ah, cómo será...», responde un tanto molesto: «de biznaga (amarillo con unas semillas negras), de camote, de calabaza, de chilacayote...». Enfoca en otra mesa: «huauzontles, hoja santa, berros, romeritos, epazote cenizo, cilantro, pruebe». Despide un olor agradable, así mismo el sabor. Y en la última mesa: «Jamaica, flor de calabaza, frijol flor de mayo (de color rojizo) "el cíclope"». (Después el ELDA me instruyó que en la antigua religión es un gigante de solo un ojo en medio de la frente).

«Y los drones, ¿cómo se llaman?».

«Abejas (*apis mellifera*), moscos de la miel».

Seguimos caminando. Me señala una placa. «Asegúrate que esto nunca vuelva a pasar»:

> **Recordamos la memoria de 303 ciudadanos de ascendencia china, hombres, mujeres y niños que fueron masacrados en nuestra ciudad.**

«¿Qué significa masacrar?».

«Matar».

«¿Y por qué los mataron?».

«Por racismo».

«¿Y quién los mató?».

«Los vecinos».

~ **4** ~

Llegamos al *sjebien*. *Chelo Silva: Mamuncias y Boleros*, también conocido como *Un beso me diste un día*. A la distancia nos señalan una mesita, nos ubicamos. El sitio tiene un tejabán para protegerse.[6] La única pared está repleta de *grafiti*. Viene André y nos saluda con un fuerte abrazo. Al fondo varios cuadros con carbón (piedras ardientes), arriba de una plancha *tortillas* (hojuelas) inflándose, alrededor otros cuadros con varios contenedores que destapan para sacar un revoltijo que echan sobre la tortilla, antes de enrollarla para servirla. Llega un chico, nos trae una estatuilla con la forma de un humanoide y cubos sólidos[7]. Después pone un plato duro con rebanadas de pepino con picante, sal y limón.

«¡La lira!», grita un muchacho con cara castigada, quizá víctima de un incendio.

El Anti, con la boca abierta, luego con una sonrisa, se acerca, me susurra al oído: «Qué suerte tenemos, ¡es Pepe!». Hace señas al chico, este presto va y deposita otro humanoide y un cubo sólido en el rincón donde se acomoda el cancionista. El artista acaricia la lira, tuerce y retuerce unos botoncillos (clavijas), por fin, ya satisfecho levanta el vaso, se dirige a nosotros: «¡Salud!...».

Alzo mi copa, bebo un poco de *mezote*, un líquido enérgico, con un dulzor tenue, de recuerdos ahumados.

«Empiezo con: *No creas Dorila mi dulce amada, prenda dorada del corazón...; La suerte es adversa conmigo, no deja ensanchar mi pasión,*

---

6 Tiene un par de paredes, piso de tierra bien apretujada y regada y una lona por techo.

7 Un recipiente de barro conocido como chango mezcalero y dos vasos, los tres hechos de barro negro en San Bartolo Coyotepec.

un beso me diste un día, lo guardo en mi corazón...; *Y el árbol conmovido allá en su seno, a la niña una flor dejó caer...*; sigo con *Presentimiento...*; y *Para olvidarte*, de Guty, popular por culpa de Tito...; *Quiéreme mucho...*; *Un viejo amor...*; *I'll take five*».

Se acerca Pepe. Saludos y abrazos efusivos. Intercambian datos de la salud, siempre precaria, el clima, la familia. Agradece profusamente el regalo, brindamos, se retira a descansar.

«Para aprovechar la pausa, cuéntele su historia amigo Fígaro, aquí al cuatachín, para ver si alcanza a vislumbrar su futuro».

Fígaro se sirve del chango, da un trago hondo del contemplativo (mezcal), *carraspea* (tosecilla):

«Por mucho tiempo me fue bien, pa' qué me quejo. Se usaban mis servicios, pero se acabó el trabajo. La moda cambió del peluquero a la estética. Asina de fácil, de un día al siguiente me quedé sin nada; vertiginoso me desplomé a *desechable*. Me quedé sin chamba, el balance de mi existencia, el trabajo que había hecho toda mi vida de adulto lo aprendí desde que estaba asinita». Estira el brazo y señala acaso una *vara* (una yarda) de altura del suelo. «Me prometieron entrenarme en otra cosa, a mi edad me rehusé, como antes solía expresarse: "Imposible reeducar can viejo con trucos noveles". Entregué mi *ALLK* y mis *Fave Oakleys* y me fui a vivir a una cueva aquí cerquita. Quería meditar sobre el significado de la vida, nada concluí. Para qué seguir cuando uno es un inútil, cuando ya no se puede peluquear, *chupar* (bebidas estimulantes) ni fornicar, para qué continuar: Hemingway. En esas tinieblas andaba, inclusive llegué a sopesar, sobrio y con entera seriedad, escapar mi miseria de una vez para siempre y salir por la puerta falsa, pero no me atreví. Sepa compita, que en el fondo soy un gallina (cobarde), pero eso sí, afilé bien la navaja, pero me faltaron los de abajo (valor), no quería dejar un charco de morcilla (sangre coagulada).

«Un día por ahí pasó El Loco, nunca me enteré de su verdadero nombre: unos le decían el Barullo, otros Chago, otros *usus mille*[8] y, aun

---

8 Persona de extraordinaria habilidad manual.

otros, Juanito. El vale venía de muy lejos. Lo invité a descansar, se tendió y durmió por mucho tiempo. Cuando se incorporó le invité unas verdolagas, lo único que entonces tenía, comimos, todavía se echó una siesta. Al despertar no dejó de hablar, hablamos y hablamos día y noche. Él fue quien primero propuso edificar una casita de llantas viejas y barro. Así, juntos alzamos el *tecorucho* (casucha) donde me visitaron. Con el tiempo fueron llegando otros refugiados del Konzortium, desechables como yo. Les ayudamos a construir sus *gallineros* (casuchas). El Loco encontró una corriente subterránea a poca profundidad, cavamos un pozo y bajo sus órdenes preparamos la tierra del huerto comunitario. Para purificar el agua para tomar, como ustedes vieron, usamos destiladores de piedra. Cómo extraño al Loco, ese amigo sabía de todo. Él mismo pintó con pintura vegetal el letrero que está a la entrada del caserío, *Flor de Jimulco*. La gente también le dice a nuestra ranchería "Fígaro". Imagínense, me siento como Alex o mi amigo Constantino[9]. Cierto, es una vida de penurias, pero también de solidaridad humana entre los *fregados* (desafortunados). La pasábamos aburridos hasta que mi amigo André, a sugerencia del Loco, puso este tejabán, aquí nos divertimos... Ahí la llevamos... Sepa que por aquí desfilan muchos desahuciados en busca de algo que hacer. Algunos son buenos bailantes, otros cancionistas apasionados, otros lectores de cafetería que tejen historias muy entretenidas o dramatizan libros. Desde luego que nadie sabe lo que sabía El Loco. De él aprendí de Las Cruzadas, Napo, el Fuchi, el Ahorcado[10]. Me gusta mucho la historia, a ver cuándo nos echamos una platicadita...».

~ **5** ~

En otra ocasión me citó La Zerebellum en *Mill-granos*. A distancia vi que sentada me esperaba, se levantó, dio media vuelta y se volvió a

---

9 Alejandro Magno fundó Alejandría; Constantino engalanó Constantinopla.

10 Napoleón, Hitler (*führer*), el dictador Hussein, también conocido como el *Horcado*.

sentar. Sacó el *ALLK* de la *Vuitton*. Temblorosa pulsó, cometió un error, lo guardó de mala gana. Me extrañó, ella siempre tan calmosa, tan mesurada, tan diplomática. Algo iba mal, muy mal.

Me invitó un *usia*, se sentó, se quitó los *Oakley*, se talló los ojos, suspiró, sonó el *ALLK*, lo miró y con disgusto lo acalló sin atender. Me miró de frente, por lo general rehuía la mirada, me extrañó un tanto pero no tanto, dio un trago:

«¡Quiero hablar contigo!», se incorporó, «paso al *relax*, espero que tengas *usia*, ya sabes lo que me gusta, traigo sed, mucha sed». Se fue.

~ b ~

Para ese entonces ya había salido tantas veces a la Barbarie que me empezaba a creer un binacional. Por consejo de *11-8-11* y gracias a su iniciativa, me hice de una visa para múltiples entradas y salidas del KPSA, iba y venía a mi antojo y, lo mejor, La Zerebro dejó de molestarme. Por cierto, solicité el puesto de Embajador, pero me lo negaron sin darme explicación alguna. Por ahí escuché en un mensaje anónimo que alguien de los de arriba congelado había mi solicitud. Cuando pregunté me dijeron que fue por culpa del *disengage*, reciente. Protesté. «No te preocupes, en un año se borran todas las faltas». Me fui acomodando a sobrevivir en ambos mundos, al ir de uno a otro ya no sentía esa náusea y escalofrío frente a lo desconocido.

Al tiempo pactado encendí la vela de cera, aparté una botella de *usiavid*, dos copas y, de música, ordené al *Ojo Mágico* pasara la *Playlist: Vuelos Lala*.

Llegó La Zerebellum, se quitó los *Blahnik* y los largó junto a la *Gucci*, se acomodó sobre un almohadón. Ordenó un *cocktail dinámico*. Le serví un *usiavid*, lo apuró y pidió otro.

«¡Ponte cómoda! ¿Acaso algo te incomoda?».

«Todo... Pero... No te preocupes Nene... Son cosas de la Vida... Ya estoy cansada, necesito un descanso. Descansar... Descansar...».

«¿Y ya fuiste a flotar?[11]».

«Ya... Pero, todavía estoy estresada, bien estresada...». Cierra los ojos, se acomoda en el almohadón. «¿Tú crees?, otra vez nos van a cambiar de responsabilidades, apenas hace tan poco tiempo que nos reasignaron y ahora vuelven a hacerlo, *¡meu Deus!* No entiendo por qué tanto maldito cambio, al final volvemos a lo mismo. ¿Sabes lo que es un conejillo de Indias?».

«No».

«Creo que también le llaman *kuy*. Pues así me siento, un vil bicho de laboratorio. Están experimentando conmigo, con nosotros, para ver si dan con la clave. Apenas me estaba acostumbrado a mis nuevas exigencias cuando me asignan otras. Tú ya sabes: aumentar la producción. ¡Más, más, más, *fuck it!* Mi cuerpo ya no da más. Necesito un descanso, lo antes posible. Tú que siempre pareces tan calmo, ¿Qué me recomiendas?».

«Una prórroga».

«Imposible, acaso me permitirán una o dos sesiones. Estábamos tan ocupados con el nuevo sistema, no descansamos para aprenderlo y, de pronto, nos vuelven a cambiar. Hay que arrancar de cero, presentar – planear – incorporar. Necesito un descanso, aunque sea breve. No puedo seguir como antes, estoy a reventar». Cierra los ojos, respira profundo. Le doy un masajito en los hombros.

«¡Deja eso quieto ahí! Sírveme otro trago...».

De acuerdo a la *ventalla*, de los *Blue* (altoparlantes en miniatura) saltaba la voz de la Castro (Magdalena):

Des – pués – de un – día – llu – vio – so, – el – cie – lo – se os – cu – reee – ce. – Ahí – es – don – de – co – mien – za, – mi – pe – cho – a – sus – pi – raaar.

Tarde – despedida – oscuridad...

«¿Qué es la oscuridad?».

---

11 Terapia de flotación.

«Cuando se esconde el sol. Si no encendemos las luces artificiosas, queda en tinieblas, todo negro. Está comparando quedarse sin la persona amada con la soledad, la oscuridad».

«Qué sentimiento tan extraño, cuando estoy sola enciendo la luz o el satélite y presto. Además, no me tengo que preocupar de las lluvias tóxicas, pues aquí estamos protegidos».

La ventalla anuncia a *La Melodramática* (Olga).

Sé que mientes al besar

> *Y mientes al decir te quiero...*

>> *Mas si das a mi vivir, la dicha con tu amor fingido*

>>> *Miénteme una eternidad, que me hace tu maldad FELIZ...*

Noté que atendía a las palabras, me mira como que me quiere preguntar algo, piensa, por fin habla:

«Chato: ¿por qué tanto odio, tanto despecho, por eso que en la Barbarie nombran o llaman AMOR? Sin duda aquí en el K, la vida tiene sus contratiempos pero, prefiero una relación sin reproches, sin celos, sin mentiras. Honestidad, que queden las cosas claras, bien claras. ¿No crees que es menos complicado?».

La ventalla anuncia a Silma Moreno.

Sé que te vas, te vas,

> *Porque tú ya NO me quieres.*

>> *Piénsalo bien, porque me matarás.*

¡Mírame!

> ¡Miénteme!

>> ¡Pégame!

¡MÁTAME! Si quieres,

> *Pero NO me dejes,*

>> *NO me dejes,*

>>> *Nunca JAMÁS.*

«¡Basta!, ¡qué estupidez!, ¡apaga esa porquería», dio un puñetazo a la mesa, se cayó la Monroe (la muñeca). La levanta y la acomoda en su sitio. «Deja esa porquería de música, después de todo es tu gusto, además estamos en tu AP... Eso sí, no estoy de acuerdo. ¿Cómo se puede desear la muerte? Vaya extremo de pensamiento». Dio un trago largo, ya media recuperada: «Me excedí... disculpa... pero, no entiendo qué es eso de querer, ansiar pasar el resto de la vida al lado de una persona que no desea estar contigo; anticuado, irracional, descabellado deseo. Por qué desearte y desearle a otra semejante tal castigo, imagina, ¿cómo se dice? Eso es... cadena perpetua. No existe razón alguna para quitarle a la vida lo esencial, la seducción, la aventura tras ropas sugerentes, la conquista del placer, el gozo del néctar exótico, goce, goce puro, sin compromiso, ni arrepentimiento, un encuentro de dos cuerpos en la cúspide, unos sorbos de buena esencia y a dormir para el siguiente *start* salir en busca de lo novedoso, como antes se salía a la cacería. Recuerdo que Jobs, después del *Mac*, no se repitió, se arriesgó y se aventuró con el *iPhone*, el prototipo que llegó a culminar con nuestro perfecto *ALLK*. He ahí un visionario no un dinosaurio, no repite lo mismo, se arriesga y salta, se atreve a lo novedoso, justo lo que necesita el progreso. Gracias a personas como él ya dejamos de vivir trepados a los árboles, aunque me parece cuando escucho estas bobadas, que tú nunca bajaste».

«¿Qué nunca te has enamorado?».

«Ni siquiera está en mi DNA». Salió bastante contrariada.

~ 7 ~

NOTA DEL ANTI-CUARIO:
Recuerdo que fue camino a *Alacrán* cuando *137* (por si acaso se olvidaron, recuerden que se trata del protagonista y narrador) me confesó su malestar con el Konzortium. Las dudas de La Zerebellum, el sarcasmo de *11-8-11*. Fue entonces que le recalqué la importancia de escribir sus experiencias. Lo frágil de la memoria, lo cruel del olvido, lo vertiginoso del tiempo. Dijo que no quería escribir. Un día llegó con un pequeño archivo de audio que había dictado al *ALLK*. Escuché atento, le sugerí algunos cambios para facilitar la lectura.

~ 8 ~

La última ocasión que La Zerebellum pasó por mi Palacio, pues desapareció y ya no la volví a ver ni nadie me dio razón de su paradero, andaba en las mismas, pero peor. Recuerdo que me citó, llegó, demandó la copa. En el *Blue* sonaban las notas de Joaquina[12]:

Bésame, con un beso enamorado, como nadie me ha besado, desde el día en que nací.

Y aunque muchas veces me había dicho que sí había besado otras partes del cuerpo, nunca había besado a nadie en los labios, lo consideraba completamente estúpido. Ese día se acercó, me dio un beso en los labios, nunca lo olvido:

Sus labios son más suaves que las rosas, su boca más dulce que un panal, y su beso más punzante que el aguijón de las abejas[13].

La tomé de las manos:

«¡Quédate!», se soltó, tomó sus cosas, entre lágrimas salió, y como arriba indiqué, no la volví a ver, jamás.

Por culpa de ese maldito-bendito beso, por primera vez sopesé: la vida debe tener algún sentido aparte de la irracional vorágine de orden y trabajo y lucro y estupefacientes y diversiones que pronto hartan. Sentí que una fuerza extraña me impulsaba a pensar de manera irracional, tanto así que me ilusionaba dejar lo conocido por lo ignorado. Serían los efectos del sol, del polvo. Sería esa ilusión forjada en la Barbarie, esa desconocida solidaridad, esa atrayente *caritas* (caridad). Decidí salir a buscar, pese a cualquier precio. Eso sí de una cosa estaba seguro, dentro del K no lo encontraría. Sin duda, ese fue el inicio de mi caída.

Aunque pronto me arrepentí de mis divagaciones, la duda se apoderó de mí.

---

12 María Grever, de acuerdo a las canciones citadas y en notas aparte: Interpretaciones de Orlando Vallejo, Libertad Lamarque y José Carreras.

13 *Dafnis y Cloe* de Longo, versión de Juan Valera.

~ Boleros favoritos de Pepe ~

ALGÚN DÍA LLEGUÉ A PENSAR QUE DE BOLERO SABÍA... QUE *JERRAO* *taba*;

En la popa de la nave / un gallardo mari-
nero / cantaba alegre un bolero;

Déjame quemar mi alma en el alcohol de tu recuerdo;

Nocturno de celaje deslumbrante / tu encanto rememoro a cada instante;

Como es cruel la incertidumbre / esa amarga pesadumbre...[1]

Creo que fue en casa de Pepe. En una ocasión sacó un radiecito conectado a una vieja batería de carro, la cual cargaba en una toma eléctrica pirata de una fuente del K. Los encargados de contrabandear la electricidad eran el Zamurai y el Zenturión.

Sintoniza justo a tiempo, va a empezar el programa. Arrima unos refrigerios y unas botanas. Empieza a sonar una canción, al concluir:

1. Suertudos, han disfrutado la perfección del bolero, la fuerza de la expresión y el terciopelo de la garganta privilegiada[2] de Toña la Negra, quien nos deleitó con el himno del tapatío Gonzalo Curiel: *Vereda tropical.*

Bienvenidos sean todos a su programa *El canto del Chencho*, animado por su amigo *La Voz del Desierto*. Hoy estamos de manteles almidonados. Para celebrar el Día de la Mujer preparé un programa especial para honrar a todas nuestras radioescuchas radicadas en la Gran Barbarie, aquí en la única y verdadera *Radio Ollín*: la radio del Movimiento en movimiento, donde coinciden la política, la cultura, la música y la

---

1 Para escuchar más de tres boleros, Spotify: Boleros Lala.

2 Palabras del mismo Flaco de Oro.

gente. Estamos en el 101.5 frecuencia modulada (FM) del cuadrante de su radio, transmitiendo desde un rinconcito de Norteztlán.

2.   Y sigue la fiesta, con la cubanísima Olga Guillot, de la inspiración del chiapaneco Chamaco Domínguez, nos deleita con *Miénteme*.

3.   El poema lo escribió el venezolano Andrés Eloy Blanco, lo musicalizó Álvarez Rentería, lo estrenó Pedro Infante. La voz campana *Whitechapel* de la cubana Xiomara Alfaro, nos trae *Angelitos negros* (1942).

4.   En seguida el himno chicano nos seduce, *Sabor a mí*, interpreta la cantante de *Istlos*[3], *Ersi Arvizu*, acompañada del grupo *El Chicano*, versión de 1971. Seguro que muchas de las rorras (muchachas) ya no tan morras (jóvenes) que me escuchan sudaron bailando esta canción bien acarameladas con sus jainos (novios). *¡Firme music!*, ¿a poco no?

5.   *Brindis* (1963), con la voz aguardentosa de la tejana de Brownsville, Chelo Silva, acompaña la Orquesta de Salomón Jiménez. Dice la leyenda que Chelo fue descubierta mientras cantaba en el *Bar Las Dos Repúblicas* en Matamoros, Tamaulipas; antro que aún se mantiene activo.

6.   Regresamos hasta 1929, la tejana de Sanantón, Eva Garza triunfó con *Negra consentida*.

7.   La tejana de *Juston*, Lydia Mendoza, *La Alondra de la Frontera* se avienta *Nunca*.

---

3   Se refiere a un barrio en *East Los Ángeles* (Este de Los Ángeles).

8.   Adelina García, de la Finiquera (Phoenix, Arizona), nos complace con *Desesperadamente*.

9.   Rosita Fernández nació en Monterrey, a los nueve años de edad su familia se fue a Sanantón; nos trae *Frenesí*.

10.   La sinaloense Anacani triunfó cuando cantó en inglés la versión de *Mar*; *Stars in Your Eyes*.

11.   *Llegaste tarde*, con la tucsonense Emily Cranz, su padre es de ascendencia alemana nacido en Oakland, California, su madre nació en Sinaloa.

También desfilaron Mari Trini, el icono lésbico de Murcia, con *Cuando vuelva a tu lado*; la catalana Gloria Lasso con *Regálame esta noche* (1958); la gallega Luz Casal con *Historia de un amor*; la andaluza Martirio con *Júrame*, y un montón más, tantos que se nos acaba el espacio y tenemos que seguir con el hilo de la novela... Y por si no me lo creen échense este trompo *aluña*, una lista completa de los boleros favoritos de Pepe está al final.

~ The Italian (1915) ~

> Paramount Pictures Corporation
>
> presenta
>
> George Beban
>
> en
>
> *El italiano (The Italian)*

TRAS LA PRIMERA EXPEDICIÓN A *LA FLOR DE JIMULCO* PASÓ TIEMPO hasta que un buen día el Anti me invitó de nuevo a cabalgar. Tras la ya acostumbrada bendición de doña Tecla, anduvimos y anduvimos por largo; tras escalar a refrescarnos tomamos por una senda de muchos espinos o *cactáceæ*, como les dice ELDA. El Anti los conoce, a menudo identificaba una planta aquí y otra por allá: Admiro el *Manca caballos* de espectaculares flores blancas perfumadas, que al calentar el sol pronto se marchitan. Tras otra escalada para tomar un respiro y agua de un *guaje*, (disculpe lector, así le llaman a una especie de fruto grande, hueco que llevan lleno de agua para saciar la sed por los caminos). Al parecer no conocen las higiénicas botellas de plástico *sinbisphenol*[1], las que nosotros usamos.

Amenazaban las sombras cuando vi un letrero:

Alacrán

Patria chica de

Dolores del Río, Néstor Mesta, Ramón Novarro y *Los Revoltosos*

Anticipaba un caserío parecido a *La Flor de Jimulco*, pero este contaba con casas de mayor tamaño.

«Aquí viven los que trabajaban de maestros en el Konzortium. Cuando llegaron las máquinas para la enseñanza virtual, personalizada, se quedaron sin trabajo, desechables como todos los trabajadores del K. Un grupito de ellos fundó el caserío. Como ve, hay casas grandecitas, como la de mi compañero».

---

1 Un plástico hecho con un compuesto sintético.

«Por lo visto tienes amistad con toda la gente importante».

«De eso se trata 137, no de conocer a gente importante, pero a los que les importo». La puerta principal está abierta, grita: «¡Samo![2]». Veo un pequeño letrero:

Akademia

Sale un masculino portando una sonrisa, entusiasta abraza al Anti, lo levanta en vilo y vi, con horror, cómo le besó ambas mejillas:

«¡Compañero! Dichosos los ojos, pensé que el puntual lanchero me transportaría a la región de las tinieblas y las quejas sin fin, antes de que estos ojos pecadores y casi ciegos volvieran a verte caro hermano. ¡Qué ingrato eres! He estado un poco alicaído, averiado, achaques, tú sabes, la vejez no tiene remedio, la Parca (muerte) acecha. Pero, aquí estoy, para qué quejarnos, no hay de otra, es lo que hay, echarle ganas, apechugar. ¿Y a quién traes ahora chavo?».

«Te presento a 137».

«Bienvenido compañero, por lo tanto, ¿usted también será futuro refugiado del Konzortium?»

«Ya merito», aclara el Anti.

«Ando dando un paseo», respondo.

«Pues mejor *Lazarillo* (guía) no hay en el mundo, tomen asiento», nos indica unas *sillas artesanales*. Al notar que las miro con cierto recelo:

«Yo mismo las fabriqué, es fácil. Acomódense». Pone un gabán (poncho) sobre una piedra, me da un empujoncito. Póngase cómodo compañero. Está en su casa». El asiento es incómodo. El cansancio del viaje me ayuda a acomodarme. «Ya vengo», se adentra en uno de los cuartos que están alrededor del jardincito. Retorna con un contenedor. Mientras tanto voy destacando estatuillas y figuras para mí desconocidas, hechas de piedra o de tierra (barro) o de *desechos del capitalismo*[3]. Al verme entretenido, me indica que lo siga a dar un paseíllo por el *gardo* (huerto, jardincito):

---

2 Probable voz checa, 'solo'.

3 Hierro, aluminio, titanio y aleaciones.

«Son mis diosas: *La Catrina* (un esqueleto de lo más repugnante); *la Coatlicue* (cráneos y áspides); y el menos repugnante, *Xochipilli* (un niño sentado con adornos floreados por todo el cuerpo)...», son tantos que ya no recuerdo los demás.

«Muéstrele las plantas aquí al amigo», dice el Anti.

«Mire, aquí tenemos el *vakionora* (bacanora), se da bien en estas tierras; por acá el *metli* (mezcal), aunque tengo que reconocer que el nuestro no le llega al que fabrican en *La Flor*; este otro es el *tributo* (tequila), en un tiempo el más consumido y el más popular, pero ahora la gente prefiere el de nosotros, lo mejor de esta región, *palma* (zotolín)[4]. Por cierto, estoy orgulloso de mi palma, Don Antonio aprobaría[5]. Esta bebida es nuestro orgullo. He tenido razón que la están contrabandeando, que la sirven en *Topía*, que la gente la prefiere sobre el *usiagave* y, que es tan codiciada que sólo se consume en ocasiones especiales, en pachangas privadas. ¿Es cierto?».

«De mi visita a *Topía* sólo recuerdo que nos retacaron *Steel Reserve* y VV, de lo demás no me recuerdo».

«Eso es lo que les dan a las proles, los patrones sí toman de lo bueno».

«Lo que pasa es que allá lo usan para embriagarse y para huir y olvidar las eternas horas de labores irracionales. Le han perdido todo el sentido ceremonial y medicinal. Nada como una copita en ayunas», aclara el Anti.

El anfitrión se detiene frente a otra figura, Mayahuel (alguien que sale de una planta). Destapa un contenedor, mira a las alturas, lanza una invocación; «Por ti, Gran Madre, gracias por prestarnos el amanecer», derrama un chorrito; mira a donde se levanta el sol: «Por ustedes, antepasados», derrama otro chorrito; mira al suelo: «Gracias Pachamama por no desampararnos», derrama el último chorrito. Me ofrece el contenedor, quedo perplejo.

---

4 Bebidas espirituosas hechas a base de plantas.

5 Don Antonio es el legendario fabricante de *palma de punta* de Torrecillas, de donde se dice se produce el mejor.

«Dele un trago», bebo, un auténtico fuego me atraviesa el pecho.

«Un traguito, no se trata de ahogarse». Hacen lo mismo, aunque beben sobrios el Anti y Samo.

«Muéstrele la Biblos», sugiere el Anti.

Nos dirigimos a un cuartito donde se encuentran varios folios de papel, algunos con ilustraciones:

«Libros compañero. Tomen asiento». Nos sentamos sobre un tapete (carpeta).

«Cuéntele su historia aquí a la visita para que se vea en el espejo».

Samo dio otro sorbito al contenedor:

«No porque me ven así, aquí y ahora, crean esto he sido siempre. Por mucho tiempo fui *maistro* en el Konzortium. Cuando llegaron las E nos desplazaron. La escuela de adobe y ladrillo, el aula, pizarras, lápices, cuadernos, maestra, directora y conserjes, obsoletos: ¡al bote de la basura! De pronto cambió mi mundo. Ahora los muchachos pueden estudiar de todo a cualquier hora, ya sea día o negrura, a larga distancia desde Tahití o el Himalaya. Posible examinarse y graduarse desde casa o desde la luna. Todo telegrafiado por un *Emaster*. Así es amigos, unos cuantos *technoids*, taciturnos, *cuachalotes*, despistados: nos volvieron desechables. Ofrecieron entrenarme para que aprendiera otro oficio vulgar: estética (peluquero), masajista, *personal trainer*, acupunturista, mecánico de *stations*; ¡pamplinas!, imagínese, yo de payaso, ¡nunca!, me rehusé. Entregué mi *ALLK* y mis *Oakley* y con desprecio escupí y pisoteé mi jersey y abandoné el K para siempre. Me refugié en una cueva, deseaba encontrar la iluminación a través de las privaciones y del ayuno, la meditación y la espera. Comía una yerba aquí, una semilla por allá. Estaba hecho una parca (esqueleto) cuando conocí a El Loco. Tuvimos muchas charlas desordenadas, pues nervioso saltaba de la literatura a la filosofía, sobre todo el concepto del buen vivir, la música, la culinaria a través del tiempo, el indigenismo. Con el tiempo el Loco me convenció a ayudar a unos compañeros que a duras penas subsistían en un caserío sin nombre. Me dio a beber un bálsamo de su cosecha...».

«¿De su qué?».

«...De su cosecha, eso es, que él mismo lo fabricó, una combinación de yerbas medicinales con miel. En pocos días recuperé fuerza y vitalidad y nos encaminamos al caserío. Reconocí a algunos excompañeros en situación precaria. Cierto, eligieron un buen sitio para establecerse, había agua y estaba bien protegido de los elementos. Producían *sotol y aguamiel y quiote*[6], se alimentaban de transgénicos que desechan los del K. Ustedes saben, enlatados y demás porquerías que ya caducados depositan en el *Food Bank*. Por eso están bien *panzones* (obesidad) y *enjaquecados* (hemicránea) y *tensados* (*stress*) y *cangrejosos* (cáncer). El Loco nos regaló tres semillas nativas de frijol y de maíz y de calabaza y de chile y otras. Aunque sugirió un huerto comunitario, imposible fue acordar derechos y deberes, nos decidimos por huertos individuales. Después emprendimos a mejorar las viviendas. Entre él y yo y una pizca de ayuda comunitaria, levantamos este *tecorucho* que ahora honran con su presencia. Yo que había hecho lecturas de cómo fabricar agaves, a esto me dedico, vivo de la poca cantidad que me compran los *guachos* (soldados, guardias) que trabajan para *Konzorzio*, aunque ya me han hecho propuesta para comercializarlo a gran cantidad, no me interesa. Un día el Loco desapareció para siempre, eso sí, dejó un letrero pintado con cal: Samo, así le dicen al caserío y así me llaman a mí, otros me dicen el Alquimista. Conste, el nombre tradicional del pueblo es, como vieron a la entrada, *Alacrán*».

«¿Y cuál es su nombre verdadero?».

«Pepe». Detuvo la charla, respiró profundo, trae un libro en las manos del que no alcanzo a leer el título completo:

El ingenioso...

lo coloca con mucho cuidado sobre el estante (atril).

«Ya leeremos en otra ocasión, tengo... es más, los invito a una Tertulia». Toma un *auet* (bastón de mando) con diseños varios y nos dirigimos al salón de acuerdos, el *Comunitario*.

---

6 Del maguey, el aguamiel es el líquido y el quiote el tallo.

~2~

Llegamos al mal alumbrado *Comunitario*. Hay apenas unas lucecillas alimentadas por una botella con líquido (quinqué). Entre la penumbra, varios masculinos y femeninas intercambian opiniones, gesticulan, se incorporan y gritan, dan puñetazos en la mesa, interrumpen su disputa para repartir saludos y abrazos. Nos ubicamos en una mesita, encima unos *comics*, destacan *Flacurco, Fusi y Cachón*. Veo que la mayoría de los asistentes se entretiene leyendo, otros charlan en voz elevada, efusivos invitan a compartir la mesa.

«Un mate», ordena Samo.

Pronto un chico nos acerca un *mate* (un contenedor hecho de una madera de dos colores), al ver que lo miro con desconfianza, lo identifica el Anti:

«Palosanto». Viene adornado con símbolos desiguales:

Rdo. de Caacupé.

Adentro trae una yerba verdosa, áspera, con palitos. Trajo también una bombilla (*straw*) para absorber y un contenedor más grande con agua que sale a través de un piquito, le llaman *pava*. El Anti se encarga de asentar el contenido, coloca adentro la bombilla, lo riega y da el primer sorbo. Echa más agua y me lo pasa. Me quedo por instantes congelado, horrorizado, veo que espera que yo comparta, que pasemos de boca a boca una bebida privada, sin antes desinfestarla, espero no tenga algún mal contagio. ¡Vaya descuido! Al verme desconcertado afirma Samo:

«Es mate, amigo, a poco no lo conoce, creo que le llaman *tangotea* (tangoti) en el K. Es una bebida social, no se asuste, no tenemos hidrofobia, ni ébola, ni sida, ni corona, sólo *maniacadas*.»

«¿Pero qué esas enfermedades no se han extinguido ya, junto con el cangrejo (cáncer)?», inquiero.

«Dentro del K sí pero el mundo es grandecito... pero la *maniacada* para eso no hay ni habrá remedio».

«Y eso de «maniacada», ¿qué es?».

«El factor X?».

«¿Qué?».

«El factor humano: La envidia, los celos, la soberbia, la ingratitud[7]».

Con mucha desconfianza me acerco el mate. Está caliente, me indican que espere; espero. Doy un sorbo breve, endiabladamente amargo el yerbajo, muy diferente del dulce y lechoso *tangotea* del K.

«Si no le gusta, no se la tome amigo, ahorita lo arreglamos». Llamó al chico y pidió: «Un café con leche».

Aproveché para preguntar:

«¿Existe razón lógica para acostumbrar estos brebajes?», con orgullo usé una de las palabras que le había escuchado al Anti.

«Son medicinales, en los caseríos más pobretones engañan el hambre, algunos tranquilizan, así no se tienen que usar substancias más potentes y dañinas, como...»

«Como los venenos que nos meten en el K».

«Amén[8]», concluyó el Anti.

Llegó el café. Bebo. Suena una campanilla, el Gritón grita:

«¡Primera llamada!». Nadie atiende, continúan los acalorados debates. De pronto repite la campanilla. Doy unos sorbos al café.

«¡Segunda llamada!». A sorbos pausados termino el café.

«¡Tercera llamada, comenzamos!». Se hace el silencio, se incorpora Samo y toma la palabra, amplifica la voz, no hay *Blues* (altoparlantes):

«Vecinos: hoy vamos a hablar del concepto de educación y cómo fue degenerando a domesticación». Se levanta una femenina, Samo le cede el *auet* (bastón de mando), ella habla:

---

7 Cita de Martín Lutero: «Tengo tres perros peligrosos: la ingratitud, la soberbia y la envidia. Cuando muerden dejan herida profunda».

8 Favor de no confundir. Entre nosotros, *amén* significa «la verdad», en la Barbarie, equivale a «punto final».

«La última vez hablamos de la guerra y no terminamos». Regresa el palo.

«Ya continuaremos con el tema la próxima, vamos a dejar que se calmen las aguas un poquito». Hay murmullos por todos lados. Tras aguardar para que sosegaran las protestas, Samo habló de la voz de la experiencia, del discípulo y el maestro, de la academia, de la naturaleza como verdadera maestra, del libro, texto como antes le decían.

«Los primeros fueron cincelados a mano, muy escasos y por lo tanto carísimos. Con el arribo de la multiplicadora, se tiraban por miles como salchichas, a precio reducido y, aunque ustedes no lo crean, por poco tiempo fueron subsidiados, inclusive llegaron a ser gratuitos; con el paso del tiempo se cotizaron como viles objetos de lucro, se comercializaron a precio de oro. Pronto todo cambió, así llegamos, con vertiginosa evolución a los E: los mayores de edad, acostumbrados a la costumbre y, a su cegatona filosofía de que cualquier tiempo pasado fue mejor, se fueron quedando atrás. Ante el enigma de lo novedoso y lo instantáneo, desconcertados empezaron a preguntar a hijos y nietos las cosas más sencillas, cómo encender la máquina de moda, cómo transportarse de una pantalla a otra. Los chicos, por lo general sin paciencia ni capacitación, los tildaron de tontos. Entonces mudó la jerarquía. Aquel con la pericia y capacidad para entrar y navegar y salirse de la E fue el mandamás. Pronto cundió una especie de brillante ignorancia pues, aunque la máquina pone al alcance de todos lo que tanta generación soñó y, que inclusive, pensó fuese una quimera (ilusión): toda la sabiduría antes encerrada en la Biblioteca de Babel, aparte de todas las hemerotecas y todas las videotecas y todas las pinacotecas existentes.

«No aprovechamos este infinito tesoro. El libre intercambio de la sabiduría degeneró en batalla campal, 'todos revolcados en un merengue y en el mismo lodo todos manoseados›: Discepolín. Así, llegaron a codearse los sabios y los burros, los Nobel con pícaros y sarcásticos y abogados del diablo. El saber dejó de ser una disciplina. Confundida, la gente, al no poder discernir entre lo científico y lo esotérico, lo folclórico y lo comprobado, el chisme y la historia, la teoría sin antítesis, fue cayendo en la trampa de perder el tiempo en naderías, en jueguitos *deschavetados* (sin cabeza) sin base sólida, en las sugestivas propuestas por seductoras y merolicos y charlatanes que hablan de creencias conspirativas, de teorías esotéricas y extravagantes: cómo a través del ojo de dios en los billetes de un *dollar* los *Illuminati* controlan la economía y, de ahí, el mundo; la forma que la NASA asesina científicos independientes, por decenas, para mantenernos en la ignorancia; de las reiteradas visitas a nuestro planeta de OVNIS; del ya próximo fin del mundo; de la forma por demás cínica cómo el presidente ordenó fulminar las torres para tener una excusa y poder declarar la guerra a los mahometanos; de cómo el milagroso calostro cura cáncer, sida, ébola, carbunco pulmonar y cualquier otro mal por fulminante que fuere; la fórmula para tornar los deseos en realidad con tan sólo desearlos; cómo el mago Merlín y el pato Donald predijeron el fin del mundo con tanta exactitud como Nostradamus; así como etimologías macarrónicas: *tack* < taco; dios < Zeus; Arizona < zona árida; cómo el hombre, a semejanza de los *Picapiedra*, alternó con los tiranosaurios. Esta ensalada de estupideces la disfrazaron de sacrosanta verdad.

«Por fortuna, gracias al ELDA donde colaboraron comités multinacionales de expertos, unos cuantos retan tal oscurantismo».

Al concluir se incorporó, colocó el bastón en un rincón. Se formaron varios debates en grupitos. De pronto se desató un gran desorden, eso que en la Barbarie llaman *pleito de perros*. Se levantaba alguien y aireado gritaba, otro le respondía desde un rincón, se encaraban y tenían que separarlos a la fuerza. Se intentó sin éxito poner un poco de orden a la gritería, imposible. Casi degenera en violencia generalizada cuando alguien apagó el quinqué y salimos.

~ Der letzte Mann
(El último hombre, 1924) ~

Protagonismo (in der Hauptrolle)

EMIL JANNINGS

Director (Regie)

F.W. MURNAU

Un día eres eminente, respetado por todos: un ministro, un general, quizá hasta un príncipe. Pero, mañana, ¿qué serás?

LA BARBARIE: LAS CONVIVENCIAS VITALES DENTRO DE ELLA, LA hospitalidad, la amistad, el mate, el cine mudo, la comida callejera, la música, la solidaridad brindada durante mis cada vez más frecuentes visitas, me habían convertido en un prisionero de su recuerdo. Obvio que aún temía: lo desconocido, la vida visceral, la carestía, la falta de comodidades, los insectos, el desorden pero, a pesar de todo, me atraía. Del Konzortium mucho me incomodaba la rapaz competencia, la ideología del Konzortium:

Cane mangia Cane

Odiaba la competencia desleal, los enmascarados engaños, las hipócritas palabras dulces tras las puñaladas traperas y las zancadillas.

Paréceme fue en el AP de *11-8-11*. Creo después del postre, me es difícil precisar. Estaba tirado cuando una sentencia me llamó la atención.

Todavía te falta una cosa: vende todo lo que tienes y reparte entre los pobres[1].

---

1 Frase atribuida a un tal Lucas Lucatero.

~2~

Fue entonces que sopesé, por vez primera con toda lucidez y resignación, renunciar y abandonar el KPSA para siempre pero, lo que mucho se piensa, no se hace. Suspiré, respiré, superé, aliviado de poder dejar de lado las dudas. No me duró mucho el gusto pues entonces me oprimió lo siguiente:

«Aquí entre nos», me comunicó *11-8-11*, «La Zerebellum se atrevió a criticar el orden establecido. Ignoro por qué lo hizo, si ella bien sabía que las imposiciones de arriba, por ridículas e irracionales que fuesen, se acatan sin cuestionar, aunque sea con fingido entusiasmo. Mírate en ese espejo, que te sirva de lección, aquí no se dice esta boca es mía. *Yes, yes, yes* y que no se te vaya a ocurrir pensar lo contrario. Hacerlo equivale a suicidarse. Es la única manera de trepar en el K. Si te atreves a lo opuesto: adiós mundo cruel. Sayonara» —levanta la mano y mueve los dedos— «y si acaso te vi, no me acuerdo».

Además, ya estaba harto, de «arreglar sandeces, de enmendar promesas no cumplidas, de escuchar la misma historia cien veces[2]». Los errores se iban acumulando pues no podía concentrarme, a menudo me aplicaban correctivos, pasaba el tiempo en *Ejercicios de superación*, en los *Refresh express*, escuchando los consejos de La Zerebro.

Poco tiempo después *11-8-11* me dijo, en estricta confidencia, que El Piratón no murió en un accidente como propagó el *Straight Shooter*; se suicidó. Dejó una nota que pronto desapareció, pero ella alcanzó a ver una copia que por ahí rondaba. Se quejaba de las presiones del trabajo, de la omnipresencia de La Zerebro y de los somníferos, todos lo arrastraron a ponerse fin. Si eso le sucedió, si eso desquició al francotirador, el gatillo más rápido y preciso del K, qué me esperaba a mí, vil aprendiz.

Fue tras el suicidio del Piratón, en una de estas jornadas de *Superación*, le comuniqué a La Zerebro que estaba sopesando renunciar; por vez primera la vi perder la calma, pues me sentenció casi a gritos:

---

2 De la *literis laudis*, enviada por Elvis al Anti.

«¡Tú no tienes remedio!».

«¡No me insultes!». La reté: «No tienes que empujarme al abismo, si quieres renuncio y ya».

«Un momento, el que insulta eres tú, ¡*Hacker!*, mira, si no me cayeras bien, si hubiera querido echarte, desde cuándo te hubiera corrido, ¡a la calle! Razones me sobran. Lo que pasa, y aquí te soy sincera, muy sincera; desde un principio me caíste bien, pero» —se dice— «calma, calma... Estoy perdiendo mi tiempo contigo. Una cosa, eso sí, te advierto que si tomas esa decisión de renunciar ya no hay vuelta, es para siempre».

~3~

Tras la desaparición de La Zerebellum, el suicidio del Pirata y de las pláticas con *11-8-11* y a punto de explotar, en otra ocasión me cité con La Zerebro para aclarar mi situación. Le dije que estaba pensando, muy en serio, separarme del KPSA. Rio de buena gana, nunca la había visto tan alegre, al parecer le pareció que bromeaba.

«No andes hablando falsías que me lo voy a creer».

«Hablo en serio».

Le vi una mueca de desconcierto, casi de desconsuelo, dio un sorbo largo al miura, cerró los ojos y respiró profundo tres veces[3].

«¿Te das cuenta de lo que estás diciendo?», se incorporó, «piénsalo bien y después hablamos, tómate un descanso y sopésalo, espero que sea un impulso pasajero, *tu-ru-lú*», se marchó.

Recibí un E en mi *ALLK*:

«No seas impulsivo, ¡fíjate lo que vas a hacer! Recuerda que del abismo ya no hay regreso, tómate una *Red*, descansa, duerme y hablamos al miura1, te invito un usiacoffee».

---

3 Al parecer el ejercicio que hacen los Superiores del KPSA cuando enfrentan una situación crítica o desconocida, les da tiempo de pensar antes de perder la calma, de reaccionar sin raciocinar. Aunque se dice que es una disciplina practicada en Castalia.

~4~

En nuestra cita la vi un tanto ojerosa. Me extrañó, ella tan meticulosa en sus múltiples presentaciones públicas. Ordenó y nos sentamos. Se incorporó nerviosa, me invitó a salir, caminamos.

Entonces le mostré mi renuncia en el *ALLK*, sólo me faltaba pulsar para enviarla. Nos apartamos, sin decir ni adiós, ni *tu-ru-lú*, ni siquiera hasta pronto.

Pulsé *Send* y voló el texto con mi renuncia irrevocable, agradecía la *camaraderie* de los compañeros y sin morderme la lengua ponderé el KPSA como el sitio ideal para trabajar.

~5~

Para la ceremonia de deportación me citaron en El Tabernáculo de los Sueños, ante un par de testigos que no conocía, habló La Zerebro:

«Todavía estás a punto de arrepentirte. Estoy dispuesta a brindarte una última oportunidad, un *laogai*[4] y adelante».

«Me voy», respondí.

«Si te separas recuerda que ya no podrás volver a pisar este recinto sagrado, ni a percibir apoyo económico, ni a radicar entre nosotros, ni a comprar en ninguno de nuestros sublimes almacenes, ni a asistir a ninguno de nuestros magníficos espectáculos. ¿Te quieres separar del KPSA de forma irrevocable?».

«Tal es mi decisión».

«Responde de manera positiva o negativa. Otra vez: ¿Te quieres desligar del KPSA de forma irrevocable?».

«Sí», sentí un eco terrible que me sacudió.

«¡Quítate la verdiblanca (camiseta)!», lo hago. «Arrójala al suelo y ¡písala!». La pongo en el suelo con sumo cuidado, pero me fue imposible

---

4 Un período de orientación a veces conocido como re-educación.

pisotearla. Fue como si me pisoteara a mí mismo. Cuántas contiendas deportivas presencié con esos colores. Extrañé los gritos desaforados de la multitud vestida de uniforme manera, me arrancó de mi ensueño la sentencia:

«Está bien, no tienes que hacerlo, pero ¿estás consciente que ya no podrás portar nuestros colores?».

«Lo estoy».

«Ahora ponte este *sanbenito* (camisa de manta)», obedezco. «Bien, ahora entrégame tu *ALLK*». Se lo doy, le saca la memoria y me lo ofrece. «¿Quieres un recuerdo de cuando viviste la Edad de Oro?». Lo acepto y lo embolso. «Vámonos».

Nos encaminamos hacia la salida en silencio. Al llegar al umbral dice La Zerebro:

«Lástima de talento desperdiciado. Pudiste escalar muy alto en el Konzortium. Desde que te vi, me dije: «Este va a trepar y bien alto». Bueno, qué le vamos a hacer, me equivoqué. *You can lead a horse to water...*[5]».

El Zamurai y El Zenturión ya me esperaban, pero no me dicen nada. Revisan mi cajita donde llevo unas piedritas y mi ya inutilizado *ALLK*. Tengo a toda la Barbarie, ahora mi hogar, frente a mí. Me quedo inmóvil pues no me obedecen las piernas.

«¡No se achicopale pariente!», me gritaron los guardias. Volteé a verlos, se tocan el corazón, hago lo mismo y emprendo mi camino. Voy a la deriva. Con las tinieblas recapacito, oriento mi andar a casa del Benny. Me oprime un sentimiento extraño, entre el temor y el alivio.

¿Qué hacer cuando no hay futuro?

Ya en las sombras me invade un escalofrío, me llevo las manos a la frente, afiebrado. Aprieto el paso y agotado, casi delirando, llego a casa de mi amigo. No me queda claro lo que pasó, sólo recuerdo que ya encamado tomé un brebaje y de la mano me encaminó al dulce sueño:

The innocent sleep,

---

5 Aconsejar es una cosa, obedecer, otra.

The death of each day's life,
Sore labour's bath,
Balm of hurt minds,
Chief nourisher in life's feast[6].

Ahora bien, si acaso llegaran a preguntarme cuál fue el último empujón que me despeñó:

Si es bueno vivir, todavía es mejor soñar, y lo mejor de todo, despertar: Antonio Machado.

~b~

Fue así, de un día a otro, y sin preámbulo, mudé, de ruda forma, de Eslavo (esclavo) a Mendicante. El Anti me bautizó con una copa de mezcal con el nombre de Higinio; 137 quedó en el olvido.

Mi vida, antes de aquel maldito día de mi renuncia, planeada con tanta precisión, mudó a otra realidad donde el tiempo me pertenecía. Al principio me fue difícil, extrañaba, sobre todas las cosas, mis apéndices, mi *Station* y mi *ALLK*. En ocasiones me sorprendía pulsando un tablero imaginario. También extrañaba los usiavital, los gritos eufóricos del *Tabernáculo* y, lo peor, no podía conciliar el sueño y me embargaban pesadillas, me veía cayendo al abismo.

Noté que el tiempo no fluía como sucedía en el Konzortium, en donde uno iba de una actividad a otra sin ni siquiera pensarlo. En mi nueva realidad el tiempo ya no volaba con velocidad inusitada, veloz, veloz. Sin calendario, ni reloj, ni horario, mucho me costó acostumbrarme a regirme con las luces y las tinieblas. Hasta que noté que un buen día, como los salvajes, comía cuando hambre tenía, dormía cuando me llegaba el sueño, me incorporaba cuando me saciaba y *siestaba* cuando así lo deseaba. Para auto engañarme y usar tanto tiempo libre,

---

6 El sueño inocente, el morir de la vida diaria, baño de fatigas, bálsamo de almas laceradas, sustento mayor del festín de la vida. Frase desparpajada, atribuida al Bardo después, con toda razón, acreditada al grupo *Globo*.

me dio por leer, a sugerencia del Anti, las tragedias del Bardo Shakespeare.

Quizá por lo tortuoso de la lectura no me gustó mucho *Celos* (Otelo). Después, acostumbrado al idioma cifrado y a la edición *No Fear*, me entretuve con *Duda* (Hamlet), pronto dejé *Ingratitud* (Lear), me gustó *Avaricia* (El mercader), me encantó *El poder* (Macbeth). Recordé con suma nostalgia, una charla con *11-8-11*. Un día me dijo:

«El de abajo sueña con desbancar al superior. La Zerebellum ansía ser La Zerebro, y La Zerebro ansía estar en el puesto del *Straight Shooter*. Ambas dispuestas están a hacer cualquier cosa para lograrlo, inclusive la traición». Fue entonces que entendí a Macbeth.

«Son los humores humanos. Todos los padecemos, aunque con hipocresía aparentamos lo contrario», dijo *11-8-11*.

«Pero yo no he sentido celos», protesté.

«Eso piensas», respondió. «A poco no los sentiste cuando esperaste, por tanto tiempo, tu pasaporte, mientras que yo iba y retornaba a mi antojo y tu espera y espera para poder salir a la Barbarie».

«Bueno, concedido, pero no me ha dado por matar a alguien».

«¿De verdad?».

«Cierto».

«¿Nunca? Y cuando El Piratón presumía sus logros y sus recompensas, ¿nunca se te ocurrió, torcerle el cuello, aunque esa sensación te durase unos instantes?».

«Bueno, puede que tengas razón».

«¿Y en el Templo de los Sueños, nunca deseaste mala suerte a los contrincantes en la euforia del momento y bajo el calor de alguna bebida?».

«Bueno...».

«Ves cómo todos llevamos dentro estas pasiones, estamos a un grado de perder la cabeza, de causar daños que ya no tienen remedio y de los cuales nos arrepentiremos el resto de nuestros días».

Justo para esa noche anunciaban *Greed* (Avaricia) pero, ya había dejado de atraerme el cine, preferí quedarme a leer. Los contratiempos me incomodaban, las sillas incómodas me incomodaban, la caminata de regreso a casa, ya cansado y con sueño, me incomodaba. Quedarse en casa hacía todo más fácil. Con un vaso de palma escapar leyendo un cuento bien trazado, bien escrito, huir con acciones heroicas o cobardes sin tener que dar un paso, ni tener que volver a excusarme por ser otro refugiado del Konzortium.

Los libros tienen su atractivo, pero después de tres páginas me aburría. Salía y platicaba mis pesares a las plantas. Me empezaba a gustar esa actividad. No me contradecían, ni me preguntaban cosas que me disgustaran. También en un raro día de sol salí afuera y me acosté. Me encanté al ver figuras en las alturas: aquí un dragón, allá un saurio, un unicornio y tantas y tantas fantasías formadas de la nada que en un instante desaparecen cediendo su sitio a otras.

Por entonces el Anti realizaba un viaje extendido, me negué a acompañarlo, no insistió, aunque sí me sentenció:

«Higinio, tienes que salir, no puedes enclaustrarte, todavía hay vida, mucho que hacer y conocer. Tienes que sanar tu espíritu, tienes que balancearte».

«Soy un inútil». No sé si me dije o le dije al Anti, se me empezaba a nublar la realidad y la imaginación. No salía de casa y rehuía el diálogo. No sé cuánto tiempo pasó.

«Lo que sucede es que te estás desintoxicando de la esclavitud y acostumbrándote a la angustia de la existencia», dictó el Anti.

«¿Qué es eso?».

«La horripilante verdad es que estamos solos y solos nos vamos. La vida es acaso un sueño, a veces pesadilla y de pronto te apagan las luces, para siempre».

«¿Y cómo te preparas para eso?».

«No hay forma».

«¿Y cómo sabes cuando las sombras están ya cerca?».

«El cuerpo te va diciendo, si le pones atención. La vista, el oído van retirando sus servicios. Te empiezan a doler partes del cuerpo que antes ni siquiera en ellas pensabas: la cadera, una rodilla; todo te cae mal, el calor y el frío y hasta nuestros semejantes, es entonces que se llega la hora de decir: Adiós mundo cruel. Ciao che».

En efecto, aunque me incomodaba un tanto la cadera, la cosa no era grave. Bueno, al caminar o con la humedad me dolían cadera, hombro y la rodilla derecha. Dejé de correr. Mentiría si dijera que no me preocupaba. Al quedarme vedado el vértigo de una carrerita, me propuse dar un paseo vespertino, así no me encontraba con nadie mientras ordenaba mis pensamientos. Cada día se me presentaba más difícil la tarea de vivir, se iba poco a poco vertiendo en un *vía crucis*.

~7~

Se agotaron los *Reds* (somníferos) que conmigo vinieron del K. Los extrañaba, pues tanto me socorrieron durante todo el tiempo que pasé en el Konzortium. Al ver que mi situación empeoraba, pues ya parecía un espanto, el Anti preguntó por mi salud:

«Ahí vamos», dije para quitármelo de encima.

«Pues no parece que andemos muy bien. ¿Qué sucede, está enfermo?».

«No es para tanto, lo que pasa... es que no puedo dormir... se me acabaron los *Reds*».

«¿Los somníferos?, pero me hubiera dicho, le puedo conseguir en la calle, aunque esto sí le voy a decir, no los recomiendo. La mejor cura para la depre es la acción. Vamos a dar una caminata. Quiero que pruebe unas gorditas que vende la doñita que acaba de volver de quién sabe dónde, me dicen que cambió su ya excelente receta. El otro día fui y están muy buenas, se las recomiendo. Prepárese, pronto nos vamos». Protesté de mala gana. «No quiero excusas, aprevéngase y vámonos».

Renegando me alisté. Caminamos un buen rato. Hicimos un par de escalas, pues a menudo me quedaba sin aire.

«Respire profundo», me aconsejaba el Anti mientras me esperaba. «Ya ve lo que pasa cuando se la lleva todo el día echado».

Llegamos. Al vernos, alegre y dicharachera nos recibe la Doñita:

«Pero amigo Benny, qué milagrote que te dejas ver entre los *probes* (pobres)».

«Aquí, visitando a las Estrellas».

«No te burles Bribón».

«¿Cómo va la batalla?».

«Ta'epinga. Hay que luchar pa' mal comer».

«Esa es. Traje a mi amigo Higinio para que pruebe esas tortillas que hace usted».

«Gorditas, amigo, gorditas. Hechas con nopalitos, chile colora'o y carne de puerco». Me ofrece una. «Se ve muy trasija'o amigo, *ai* le va una cortesía de la casa. Mija...», ordena a la mayor de la chiquillada que la acompaña. «Sírvele su limonadita aquí al amigo». De una olla el más pequeño me sirve un vaso.

Se acerca uno de los clientes que comía a un costado:

«Otra gordita Doñita».

«Sin insultar amigo», la Gordera se toca las caderas.

«Quiero que sepa que están de aquellitas. Es más, deme dos *pa'* llevarle a mi jefita (madre)».

«Salúdamela y dile que se dé una vuelta».

«Ya casi no sale, usted sabe, las *riumas* (reuma)».

Todavía el Anti se comió dos o tres más. Yo con dos tuve suficiente. Pagamos. Nos despedimos. Camino a casa dimos un rodeo *pa' hacer la digestión*. Por la calle los menesterosos, algunos mendigando, otros dormidos tirados sobre cartones, otros maldiciendo la guerra o prometiendo la salvación eterna. Llegamos por fin a casa. Estaba muy cansado, agotado. Me tiré sobre la cama. No recuerdo haber padecido pesadillas, es más, ni sueño alguno. Cuando abrí los ojos, el aroma a café me atrajo, me incorporé tras él.

El Anti, en el jardín, entretenido atendía las yerbas de olor. Tomaba café, creo que oía a Chopin[7], me invadió eso que en la Barbarie llaman

---

7 Muy probable se trata de uno de los nocturnos, aunque pensándolo bien, pudiese ser una mazurka, inclusive un vals, mejor pasemos a lo siguiente, no conviene especular.

saudade, (algo como tristeza, melancolía, añoranza). Por primera vez en mi vida sentí que el tiempo se me acababa.

Fue cuando empecé a maquinar una última aventura antes del final. Tendría que ser pronto.

En estas me encontraba cuando escuché al pregonero que por la calle anunciaba el espectáculo de música, maroma y teatro.

~ Director's cut
(Versión del director) ~

NO RECUERDO ACUERDO CUÁNDO, ¿CUÁNDO SERÍA ESE CUÁNDO?, fue la última vez que salí, para ya no volver nunca jamás, del *Consortium Paradisium Société Anonyme* (Konzortium, KPSA o K).[1] Creo, por ahí topar, si me lo propongo, alguna cháchara que acumulé en mis *treintidos* largos ciclos de asocio, los tiré toditos todos al *recycler* con las postrer *forzas dentonces*, pues, sabrá, que por las manos chuecas de tanto aporrear el *ALLK* y el *station*, se me dificulta hasta alimentarme y, gracias mil a los benditos somníferos, que cada día me quitan más, imposible reponer, ni siquiera *midireponer* (dormir).

Nací en la bárbara Barbarie (BB) durante la guerra fratricida; al parecer, desde infante quedé huérfano en orfandad. De era conflictiva son primos recuerdos, aunque no puedo declarar que la malpasé, todo lo contrario, *bienpasé* recesos con tíos André, Ladjos y Pira, por ese fascinante aterrador mundillo, después tildado de bárbaro. Gracias a mi natura de obediente sin cuestionar / Recuerda que eres un volcán ahhhcallado / me adjudiqué un token a la Lincei. Post de unos *trainings* exprés, levanté el grado de huésped distinguido de la Aristoteliana, a donde, con el tiempo, prometieron vitalicia, si obedecía todos los mandatos: aparte de nunca cuestionar, enaltecer a mis gurús, jamás *malhablar* de ellos ni de la *société*, ni de sus canonizados métodos.

Quedé bajo el cuidado de mis gurús, aposté todo a los *VV* (Video Vida) y esa fue parvulez, *adolescentez*, *iuvenalia*, vida *dentonces*; mis *overseers* del *Lincei* felices, ellos en lo suyo *iyoenlomío*: robar, engañar, violar, acuchillar, ahorcar, descuartizar, destripar a todos en la ventalla, desde luego, pues en persona no soy marcial.

---

1 Nota del Anti: He tratado de respetar, en lo máximo posible, el manuscrito que llegó a mis manos en forma por demás fortuita. Mi intención es facilitar la lectura. Al topar con un término que pudiese resultarle desconocido al lector, las dos primeras veces doy un equivalente en paréntesis. Tal equivalente no es caprichoso. Me apoyo en los borradores que llegaron a mis manos junto con el manuscrito. Me tomé la libertad o el libertinaje, de cambiar el título. El original venía con *Consortium Paradisium*, lo mudé a *Lala* por parecerme más adecuado y que el autor, y las musas, y los lectores y la crítica perdonen mi osadía.

Fuera de las ventallas soy sereno. Lástima dan hasta los bichitos más mínimos. Permítame presentarles a mis íntimos: *Kuy*, un *porcellus* de Guinea, *glotonouspig*; el *Richie*, un *fringilino* sonoro; la *Wachi*, una *sanchi* intemperante; también tenía un *Lacartus* pero un día llegó un *Correcaminos* y se lo llevó en el pico... No *desolvido* al anfibio *Aquileus*.

Bueno pues, solventé la inquisición. Guardaba ilusiones de invertirme en la Barbarie (BB), después de tanto *maldigar*[2] un asocio de la sabiduría me recomendó al KPSA, el único sitio que en esos tiempos absurdos daba inversiones a cambio de la vida. Antes de iniciar sometieron a un examen *deenea*, enviaron huellas al *sécurité*, como no *emproblemao*, nada turbio encontraron en curri, ni siquiera los típicos pasos falsos de *iuvenalia*. Fue entonces que asignaron mi *ALLK*, el que nunca me abandona, aunque desde mi traición lo tiré al *recycler*.

---

2 Importunar con humildad, tal como solía decirse antes.

~ Nota del Anti ~

NTES DE ESFUMARSE —AL PARECER SE FUE CON UNA TROPA DE cirqueros ambulantes y no le volví a ver–, 137/Higinio me confió un manojo de hojas de papel, mismas que ahora comparto con mis tres lectores. Me responsabilizo de las aclaraciones que hago entre paréntesis.

Pobre gomia (amigo). Cuando lo conocí noté que mi manera brusca de tratar a la gente, medio le repulsaba; con el tiempo me tomó aprecio. Cuando creció su afán de romper el cordón umbilical y escapar para siempre la dictablanda[1] del Konzortium, le sugerí anotar sus sentimientos, por descabellados que le pareciesen. Entonces, de todos los refugiados de ese mundo artificial, ninguno había escrito sus memorias. Ahora sucede con tanta frecuencia que otra publicación de este tipo pasa desapercibida.

Aclaro, escapar del Konzortium no me parece un término correcto. Salir mejor describe el paso, al parecer insignificante pero trascendental. Se cambia la certeza por lo desconocido, el orden por el desconcierto. El Konzortium no es una auténtica prisión, es más bien una *tender trap*, como dicen los *commoners*. Una especie de reclusión mental.

Tras múltiples cabalgatas por la Bárbara Barbarie, en ocasiones acompañados de Lala, con el paso del tiempo vi cómo Higinio desarrolló un insaciable deseo de saber. Ese maldito vicio nos torna voraces consumidores de la vida, aunque sabemos lo imposible de comprenderlo todo: ver todos los photodramas, padecer todos los tangos, llorar todos los boleros, comer todas las empanadas, mamuncias, antojitos; por eso, esa adicción no tiene remedio y nos arrechola a la periferia o a la locura.

Un día me sentenció que se marchaba. Se lamentaba no haber sido bailarín para expresarse con el cuerpo. Aún vibran sus palabras:

«Me queda errar», pronto se corrigió, «jerrar» (voz culta y llana, con el significado doble de deambular y de cometer errores, condición

---

1 Una especie de prisión mental, de esclavitud voluntaria, en contraste con una imposición impuesta por la fuerza.

del eterno aprendizaje demanda). Mucho me alegré, reconocí su aprecio por la palabra y sus dobles, inclusive, múltiples ramificaciones que pudiese esconder, ya sea para engañar, para insultar o para ensalzar.

Un día salió para siempre del Konzortium.

«Soy un desertor», me dijo triste.

«No, gomia, no eres un desertor, eres... eres un *trasterrado*, no, no, eres... eres un exiliado, eres un judío errante, eres un hijo pródigo que regresa a casa».

No creo que mis palabras le brindaran consuelo. Lo invité a quedarse conmigo y a meditar, pues yo bien lo sé. Mudar de vida no es fácil y está lleno de penurias y de sorpresas.

Pasó unos cuantos días frente a la veladora de cera, escuchando tangos, tomando palma. Al verlo que se desteñía, me atreví a interrumpir su vigilia y lo invité a la matiné de la *Carpa de los Rascuaches*. Rehusó.

«Que tal entonces *El cantante de jazz*, que pasan ahora mismo». Justo en ese momento pasaba por la calle el Pregonero anunciando la función de *La Carpa*, seguido de Marcos el trapecista, del Fortachón y de la esposa de éste, que al final de la función cantarían a dueto, acompañados de una vihuela ronca rascada por el Volador. Le relaté lo entretenido de *La Carpa*. Volvió a negarse. Entendí, no quería que lo molestara.

Me fui con Lala y tras la función de circo, maroma y teatro, nos clavamos a un *sjebien*. Cuando regresé a casa vi que la veladora estaba apagada, no di mucha importancia al asunto.

Al siguiente día, tan pronto desperté, recordé a mis antepasados, encendí a Mozart mientras preparaba el café. Con una taza fui a buscarlo para platicarle las ocurrencias de la noche anterior. Los cirqueros ambulantes estuvieron inspirados, en particular las peladas notas de los musicantes cuando entonaron *Concha sucia* y *La batea*. Encontré el manuscrito con una nota, no la comparto, pues no quiero provocarles las lágrimas, hace tanto tiempo que la quemé, sólo me acuerdo del final:

«*Adiós*».

Desapareció. Lo busqué por todos lados, indagué, no lo encontré. Unos dicen, inclusive otros juran, que lo vieron abandonar la Barbarie en compañía de *La Carpa*.

Estuve mucho tiempo triste, aún hoy, décadas después lo extraño. Espero haya encontrado un poco de consuelo en este escarpado peregrinaje que es la vida.

Como *la Carpa de los Rascuaches* no volvió más, se empezaron a tejer fantasiosas leyendas de su final, inclusive una, un tanto cruel, decía que se había perdido en el desierto. Lo cierto es que no lo volví a ver.

De vez en cuando me asomo por el lote baldío donde *La Carpa* solía tender su campamento hecho de costales de harina. Hoy, un grafiti escrito por mano anónima justifica mis sentimientos:

Infinita tristeza.

Firma:
El Anti.

~ Ficha Técnica ~

MURMULLOS DE LA BARBARIE

Productor ejecutivo, guion original y director: un tal Cuevas

Vestuario: Claude Autant-Lara.

Maquillaje y peinado: Chuy

Muebles (diseño): Pierre Chareau

Joyas: Jorge, Jorge y Raymond Templien

Montaje: Yelizabeta Svilova

Música original: *Tacos de sesos en almíbar.*

Dirección de fotografía: Billy Bitzer.

Sonido: silente y acallada.

Color: bicolor[1].

Aspect ratio: 1:33: 1 (11 x 8 .

Tamaño: 4189 (m) en su versión original (c 200 cuartillas).

Conflicto: en algún tiempo futuro, quizá ya pasado, un vil esclavo voluntario se retira de la compañía y termina con un grupo de cirqueros *deambulanti.*

Géneros: photomelodrama | fantaciencia.

País: Naftalandia.

Idioma: Una mezcolanza de vulgar y algo que a veces semeja castilla.

---

1 Blanco y negro.

Estreno: Con suerte para el 2017, 2018, 2019, 2020 o de plano el 2021 o el 2022, aunque todo parece indicar que será el 2023.

Seudónimos: El Konzortium; Las aventuras de 137/D-503.

Sitios: El K, Topía, La Barbarie: Alacrán, Flor de Jimulco.

Formato del negativo: una cuartilla.

Proceso cinematográfico: esférico.

Formato del film impreso: 35mm.

~ *Vistographia*
(mutilada por los estudios) ~

 los films que 137 disfrutó en *El Piojito* (*el Martirio*), sin duda fuente que le inspiró la escritura del manuscrito. Basada en el archivo, muy incompleto por cierto, que Toto me proporcionó y, de las cintas que rememoré con Lala, me atrevo con una pequeña lista de lo exhibido durante el espacio de tiempo que abarca desde *Capullos rojos* (rotos) hasta la fecha que mi nunca olvidado amigo se negó acompañarnos a ver *El cantante de jazz*. Desapareció con la carpa de los cirqueros ambulantes y me dejó el manuscrito y la soledad. Todos los comentarios son mi responsabilidad.

Al principio, bajo mi tutela, 137 elaboró una pequeña lista de las vistas que íbamos viendo, inclusive propuse una especie de *ranking*, como le gustaba nombrarle a la clasificación. A saber:

1. **Una chulada.**

2. **Una mamada: problemática, estrepitosa, excesiva, sentimentalona, chafa.**

3. **Una chingada: churro: aléjese, no pierda el tiempo, ahorre su dinero y sus quijadas, pues no tiene que descascarar semillas.**

En **negrita** los films que Lala, Toto o yo recomendamos:

(Esta lista, sin duda alguna, fue adulterada. Por lo tanto, favor de tomar en cuenta que croniquillas de varios films perdidos y de algunos restaurados, pero nunca exhibidos en *El Piojito*, son pirateadas de revistas o de libros: *The Parade's Gone By*; *A Million and One Nights*; y, desde luego, de la sección *Chiaroscuro* del *ELDA*. No hay que olvidar que en *El Piojito* (*El Martirio*) sólo exhibía películas en su estado original.

Incluimos estas recomendaciones para impulsar al lector a atreverse en el mundillo del Kino [cine silente], la manera tan singular de actuar del protagonista y de la enroscada dualidad que le tocó vivir. (*El Anti*).

ARRANCAN

Existe la romántica tentación de rastrear el cine hasta sus orígenes. Unos regresan hasta el paleolítico (piedra antigua, más de 10 mil años atrás), en particular a la cueva de Lascaux, donde nuestros antepasados intentaron avivar sus pinturas. Plasmaron animales con más de cuatro patas que, vistas bajo el reflejo de la fogata, daban la sensación de movimiento.

Otros hablan de la *Alegoría de la caverna* de Platón, salto no tan alto, pero de buena altura ya que hablamos de ponernos en reversa más de dos milenios.

Aun otros proponen la *camera oscura* (*cubiculum obscurum o tenebricosum, cónclave o locus obscurum*) ya intuida, entre otros, por Mozi, Aristóteles, Alhacen, Kepler, da Vinci, concepto que floreció durante el Renacimiento; la linterna mágica del siglo XVIII de Kirscher; sin olvidar lo propuesto por Newton (s. XVII) y por el caballero d'Arcy (s. XVIII) sobre la persistencia en la retina (el cerebro une imágenes estáticas y les da la sensación de movimiento). Eso es el cine, fotos o dibujos que se mueven.

De 1823 data la primera fotografía de Niepce, de ahí las cosas se suceden rapidito: de 1825 es el *taumatropo* de Fitton y del doctor París: un disco con una jaula en una cara y un pájaro en la cara opuesta, al agitarlo provoca la sensación de ver un ave enjaulada; en 1830, la rueda de Faraday sugiere que el tiempo de exposición en la fotografía, altera el producto; de 1833 el *fenaquistiscopio* de Plateau, un disco dentado; de 1834 es el *zoótropo* de Horner.

DE LA FOTOGRAFÍA HASTA EL PARTO DEL CINE MODERNO

Fotografías animadas / rifle fotográfico congela doce imágenes por segundo

1. 1878. Caballo galopando / brit, Eadweard Muybridge.

2. 1887. *La marcha del hombre* / gabacho, Étienne-Jules Marey.

Desnudos

3. 1884-86. *Human locomotion* / Muybridge.

Louis Le Prince: padre de la cinematografía

4. 1888. *Roundhay Garden Scene* (2").

5. 1888. *Traffic Crossing Leeds Bridge* (2").

Pruebas de los Estudios, no se exhiben en público

6. 1890. *Monkeyshines 1* / albo, William Kennedy Dickson para Edison.

Cronofotografía, considerada la película más antigua

7. 1891. *La vague* (La ola) / gabacho, E. J. Marey, con su rifle fotográfico toma doce fotos por segundo lo cual engaña la vista y le da un sentido de movimiento.

Teatro óptico: dibujos animados de Emile Reynaud

8. 1892. *Pauvre Pierrot* (15") / gabacho, Emile Reynaud: 500 imágenes pintadas a mano. Considerada la primera caricatura (dibujos animados).

Estudios Black María de Tomás Alva Edison y su Kinetoscopio: cámara pesada de Dickson, puede ver la película sólo una persona.

9. 1894. *Sandow* (50") / Dickson para Edison: Un fortachón posa para la cámara.

Intento de sincronizar sonido y película.

10. Finales de 1894 principios del 95. *Violín* / Dickson.

~1895~

11. *Mr. Delaware and the Boxing Kangaroo* / ostos, Emil y Max Skladanowsky.

Los hermanos Lumière (gabachos)

Cinematógrafo: proyección privada

12. Mar 22. *La salida de los empleados* (46"): movimiento hacia la cámara.

Cinematógrafo: proyección pública en París: nace el cine, incluye el primer noticiero *Desembarco*.

13. Dic 22. *La salida de los empleados*; *Acrobacias*; *Pescando peces de colores*; *Desembarco de los congresistas*; *Los herreros*; *Desayuno del bebé*; *Mantear*; *Plaza Cordeliers en Lyon*; *El mar* / Lumière.

14. *Arribo de un tren*: la cámara estática, captura el momento y la potencia de la máquina, no crea nada. Contrario a lo que se piensa, esta película no se exhibió en diciembre de 1895.

Acción inventada (ficción)

15. *El jardinero regado* (49"): primer intento de comedia; no sólo atestigua un acto, lo inventa.

~1896~

16. 1896–99. *Siete cortos* / gabacho, Félicien Trewey para Lumière.

17. **The Kiss** (47") / Dickson para Edison: Un beso de hermanos, inocentón y casi cursi, levantó una polvareda entre los mochos, los puritanos y la prensa; cambiaron los tiempos, cómplice lector.

La Escuela de Brighton: proyección pública en Londres

18. *Rough Sea at Dover* / Birt Acres y Robert W. Paul.

Primer montaje

19.   *La coronación del zar Nicolás II* / gabacho, Perrigot.

Eros

20.   *Le Coucher de la Mariée* (El dilema del novio; La novia se acuesta) / gabacho, Kirchener: perduran dos minutos de los siete originales, y como entonces las mujeres se envolvían en once varas de tela; anticipo, nada hay por ver, o sea que lo mejor está en los cinco minutos perdidos. Primer film erótico (para otros, porno).[1]

Alpha: Georges Méliès (gabacho, 1861-1938): El Mago del Cinematógrafo.

Trucaje: parar la cámara, cambiar la escena y seguir filmando.

21.   1996. *Escamoteo de una dama en el Teatro Robert-Houdin.*

Cine de terror

22.   *La casa del diablo* (perdida, encontrada en 1988).

Cámara en reversa

23.   *Demolición de un muro.*

Fantaciencia

24.   **1902. CLAVE. *Viaje a la luna.***

Pionera: Alice Guy-Blaché (gabacha; 1873): La primera dama del cine, primera directora, funda estudio en Estados Unidos, apadrina la carrera de Feuillade y Massenet.

25.   1896. *Hada de los repollos*: es una fantasía basada en un cuento infantil.

---

1 Hablar de primeros en el cine mudo, como en la vida, es arriesgado. La gran mayoría de las películas silentes han desaparecido para siempre. Asegún la Biblioteca del Congreso de Estados Unidos, sobreviven algunas 2,700 de 10,900 rodadas a partir de 1912.

26.   1918. *The Great Adventure*: es un dramita con final rosa.

~1897~

27.   *Jubileo de la reina Victoria* / brit, Paul: documenta el desfile.

Montaje primitivo.

28.   *The X-Rays* / G. A. Smith.

~1898~

Acción paralela o simultánea en dos lugares

29.   *Santa Claus* / brit, G. A. Smith.

~1899~

Anticipa el wéstern

30.   *Cripple Creek Bar-Room Scene* / canado, James H. White para Edison.

~1900~

Enfoque (Close-up)

31.   *As Seen Through a Telescope* / brit, G. A. Smith.

Siglo XX, cambalache problemático y febril (recuerden que el siglo empieza en 1901, no en 1900).

32.   *Alfred Butterworth and Sons, Leaving the Works* / Mills et at; salida de hombres, mujeres y niños trabajadores. El corto se mantiene en excelente estado.

33.   *Trapeze Disrobing Act* (Desnudo en el trapecio) / Dickson: Charmion balanceándose en el trapecio se quita algunas ropas, queda en *bloomers* y brasier. No es el primer desnudo —Mudbridge lo hizo—, pero quizá sea el primer *striptease*, aunque a medias.

Primer flashback, película policíaca.

34. *Historia de un crimen* / Ferdinand Zecca para Pathé.

Plano primerísimo

35. *The Big Swallow* / James Williamson: un iracundo se engulle al camarógrafo.

~1902~

Drama social

36. *Las víctimas del alcoholismo* (4') / gabachos, Zecca y Lucien Nonguet para Pathé: drama social basado en *La taberna*, de Zola.

~1903~

El cine de consumo llega para quedarse

37. **CLAVE: *The Great Train Robbery*** (Asalto y robo de un tren) / Porter para Edison: vaqueros violentos, puños, muchos balazos, muertos, persecución, final rosa; ganan los buenos auxiliados por una niña: se impone el cine de consumo.

~1904~

Remake (plagio)

38. *Asalto y robo a un tren* / eslavo, Siegmund Lubin.

~1905~

39. **CLAVE. *La pasión*** (44") / Zecca, Nonguet y cámara de Segundo de Chomón.

40. (20 sept). *La presa di Roma* (perduran 4'49") / Filoteo Albertini: primer film italiano que se exhibe al público.

41. *Rescued by Rover* / Hepworth: las aventuras del collie Blair, el primer can que se eleva a estrella del cinema; antecede a Lassie y a Rin Tin Tin.

Cine lírico

42. *The Land Beyond the Sunset* / Shaw para Edison: guion de Dorothy Shore: implica que un niño se pierde en la mar para huir de su abuela y de su cruel realidad.

~1906~

Pioneros franceses del slapstick

43. 1906. *El traje blanco* / con André Deed "Boireau (Toribio)".

44. 1906. *La timidez de Rigadin* / Georges Monca: con Charles Prince "Rigadin".

45. 1912. *Onésime relojero* / Jean Durand: con Ernest Bourbon "Onésime": certera sátira de lo acelerado de la vida moderna, parte *cityscape*.

~1907~

46. ***El satario / El sartorio:*** quizá el primer film porno que se conserva. Filmado en Argentina; advertidos quedan: no deja nada a la imaginación. No está documentada, se habla que quizá se filmó en México o en Cuba en los 1930.

Max Linder (gabacho): considerado el primer estrella a nivel mundial. Llegó a ganar un millón *per annum*, lo que establecería los privilegiados sueldos de las futuras estrellas del cinema. Comedia sutil, influirá a Chaplin.

47. 1912. *Una noche agitada*: la de bodas, desde luego.

48. 1921. *Siete años de mala suerte*: contiene la jocosa escena del espejo. Se filmó en Estados Unidos.

~1908~

Sale de la carpa y entra al salón, con actores profesionales de la Comedia Francesa, cine para los elegantes:

49. **CLAVE.** *L'assassinat du Duc Guise* / gabachos, Le Brogy y Calmettes; Saint–Saëns compone la primera banda sonora para una película.

Género colosal / histórico-épico.

50. *Los últimos días de Pompeya* (20') / latini, Arturo Ambrosio y Luigi Maggi.

51. *Nerón* (La caída de Roma) / Ambrosio y Maggi.

Corto en Kinemacolor: cámara con filtros blancos o rojos.

52. *A Visit to the Seaside* (8') / George Albert Smith: tomas de gente divirtiéndose en la playa.

~1909~

Product placement

53. *Princess Nicotine* (Smoke Fairy) / wasichu, Stuart Blackton: uno de los primeros comerciales; la tabacalera pagó para incluir su veneno en la cinta.

~1910~

Time–lapse de la naturaleza

54. *The Birth of a Flower* / Percy Smith. Encapsula en 20 segundos el brote de una flor que toma tres días.

El cine se eleva a arte

55. *Afgrunden* (Al bordo del abismo) / danio, Urban Gad: con Asta Nielsen como mujer de armas tomar: larga al prometido, se fuga con un cirquero, danza provocativa y sensual y, para rematar, mata al amante.

~1912~

Winsor McCay: dibujos animados.

56.   1912. *Cómo opera un mosquito*: ingeniosa caricatura.

57.   1918. *El hundimiento del Lusitana*: dibujos animados propagandísticos.

Louis Feuillade (gabacho).

58.   1913–14. *Fantômas*. Serie de cinco películas del villano, antihéroe en novelas policiacas.

59.   1915–16. *Los vampiros*: cine extravagante de criminales. Aparece Irma Vep (Musidora), líder de banda de pillos.

Largometraje, documental en kinemacolor

60.   *The Delhi Durbar* / wasichu, Charles Urban. Perduran 2 de 24 rollos.

~1913~

Alpha: Victor Sjöström (suione) captura la despiadada lucha del humano contra los elementos, siempre pierde el humano.

61.   1918. *The Outlaw and His Wife* (Los proscritos): Tremenda tragedia del amor frustrado por el poderoso y la naturaleza.

62.   1920. *La carreta fantasma*: sobre un cuento de Selma Lagerlöf, primera mujer con Nobel de Literatura.

63.   1928. **CHULADA. *The Wind:*** la Gish que enloquece empujada por el viento y la libido masculina que la acecha. Mutilada por los estudios con irracional final rosa.

Mark Sennett: innovador de la *comedia slapstick* en los Estudios Keystone: cine en serie, de endiablado ritmo y pastelazos, debut de Chaplin, Fatty Arbuckle y los Keystone Kops.

64.   *The Bangville Police*: nacen los Keystone Kops.

65.   *Fatty Joins the Force*: con Fatty Arbuckle.

- **Betha:** Pionera Lois Weber (washishu): actuante, primera directora de cine en Estados Unidos.

66. 1915. *Hipócritas*: drama anticlerical, desnudo femenino frontal.

67. 1916. *Where Are My Children*: menciona el aborto.

Las divas italianas: melodramas con abundantes cambios de ropa, espejos, flores.

- **Lyda Borelli**

68. 1917. *Malombra* (Espectro; Sombra negra) / latinus, Carmine Gallone: melodrama gótico. De los 1,705 metros originales, 1,500 fueron rescatados en 1991.

- **Francesca Bertini:** "En Hollywood tienen de todo, disfraces, maquillaje, toda clase de pelucas. Lo único que yo puse en mi cara fueron agua y jabón. Actué en más de cien cintas, nunca use maquillaje... Ahora sí lo uso, los años pesan". Bueno, es un decir de la diva, pues en la cinta *Diana* usó al menos doce cambios de vestido, todos elegantes.

69. 1915. *Assunta spina* / latini, Francesca Bertini y Gustavo Serena: la Bertini impone un método natural de actual por las calles de un arrabal en Nápoles; cinta precursora del neorrealismo. Y qué significa esto de actuar de manera realista: sin gestos exagerados, sin ver directo a la cámara, poca edición, vestuario natural no diseñado con exclusividad para la película, los extras, como los policías, desempeñan el mismo papel en la vida real.

- **Pina Menichelli**

70. 1915. *Il fuoco* (*favilla, vampa, cenere*, [El fuego chispa, resplandor, cenizas]) / latinus, Pastrone: amor prohibido en un mundo

surreal (entre el mito y el simbolismo) de un pintor y una poeta matrimoniada, una *femme fatale* que le advierte: "Con mis garras te atraparé, entre mis alas te llevaré al cielo. Intentarás aprisionarme, pero la más fuerte vencerá".

~ 1914 ~

71. **CLAVE:** *Cabiria* (restaurada 2006) / Pastrone: épica nacionalista, histórica, de aventuras; súper producción donde la cámara se mueve. Aparece el héroe nacional, Maciste, modelo para el futuro Duce. Lo espectacular esconde una cinta con intertítulos poéticos pero usados de forma torpe. Influenciará a Griffith.

72. *Sperduti nel buio* (Perdido en la oscuridad) / latinus; Martoglio: considerado un clásico, influenciará el neorrealismo. La única copia la destruyeron tropas nazi.

The Squaw Man / washishus, Oscar Apfel, colaboró en la dirección DeMille: aventura wéstern, tragedia de nativos y vaqueros con un fuereño como héroe. Tras después de medio casarse con una indígena, que de manera por demás oportuna se suicida y deja el paso franco para que el extranjero regrese con su amor blanco a Albión; ella también había quedado libre, su amor impuesto se había desbarrancado, créanlo o no. Primera cinta de DeMille. Se filmó en Hollywood con exteriores en Flagstaff, Arizona. Notable, pues la actuante "Red Wing" (Lillian St. Cyr), una indígena auténtica, desempeña papel de nativa. Este ha sido y seguirá siendo un broncón en Hollywood, pues ha usado blancos con caras pintadas de negro para desempeñar papeles de afros y demás pecados. Aunque, de cualquiera se espera desarrollen personajes que no son, vaya usted a saber.

~ 1915 ~

73. **CHULADA.** *El italiano* / wasichu, Barker: destacado drama de emigrantes. Arrebata la máscara del tan cacareado sueño ameri-

cano, aquí vertido en pesadilla. El *gondolière* padece en Nueva York, destino de abandono, pobreza, tristeza, engaño y muerte.

- **Alpha: Charlie Chaplin** (albo, 1889): el Clown mayor.

74.   1920. **CHULITA: *The Kid:*** considerada su obra maestra.

75.   1931. *City Lights:* una tierna historia de amor.

76.   1936. *Modern Times:* el trabajador moderno se torna en desechable, un mero apéndice de las máquinas.

~1916 ~

Futurismo italiano[2]

77.   *Thäis* / Anton Giulio Bragaglia: con la *prima donna* Thäis Galitsky, poemas de Baudelaire, pinturas de Prampolini; perduran 35 minutos de los 70 originales.

En technicolor (rojo y verde)

78.   *The Girl Without a Soul* / Collins – Dana: melodramita de una muchacha en apariencia mala, pero no tanto.

~ 1918 ~

79.   (11 dic). *El automóvil gris* / mexa, Enrique Rosas: estropeada y adulterada con sonido en el 33; vuelta a estropear el 55. Basada en hechos reales, incluye las escenas donde el detective filma la auténtica ejecución de unos pillos: "El único fin que espera al delincuente". Tremendismo que ni Hollywood ha superado. Entre los escasos cuatro films silentes que perduran en México, este es el mejor, lástima que lo han echado a perder y que no lo comercialicen en su forma original. ¿Dónde está nuestro Kevin Brownlow?

---

2 Manifiesto: Nosotros queremos exaltar el movimiento agresivo, el insomnio febril, la carrera, el salto mortal, la bofetada y el puñetazo.

Max Fleischer y su equipo inventan el rotoscopio: un dibujo camina, baila y salta como ser humano. Sus caricaturas son realistas y hasta grotescas, lo contrario del mocho Disney.

80.   *Out of the Inkwell* / un payaso (Koko) escapa del tintero.

81.   1926: *Old Kentucky Home*: caricaturas con sonido sincronizado. Racista, pudiese herir sensibilidades modernas.

- **Betha: Ernst Lubitsch**

82.   1918. *La princesa de las ostras*. Descabellada bufonada critica el capitalismo y el oportunismo de la realeza venida a menos.

83.   1927. *The Student Prince in Old Heidelberg*: con Ramón Novarro: las aventuras de un príncipe a quien casan contra su voluntad.

~ 1919 ~

Alpha: Fritz Lang (osto).

84.   1922. *Dr. Mabuse, el tahúr*: la desintegración de la sociedad favorece al malhechor.

85.   1927. **CHULADA. *Metrópolis:*** épica socialista de la revolución de los obreros. La superproducción deja a los estudios en bancarrota.

86.   1928. ***Espías.*** Entretenida delicia.

- **Betha: Mauritz Stiller** (finno). Stiller es sensitivo, refinado, casi femenino: Sandoul.

87.   1919. *Herr Arnes Penningar* (El tesoro de Arno); tragedia disminuida por verbosa.

88.   1924. *La saga de Gosta Berling*: debut de la Garbo.

Alpha: Abel Gance (gabacho).

89. 1919. *J'accuse*: El melodramático triángulo amoroso, elevado por un potente grito antibélico. Los mismos muertos protestan contra lo irracional de la guerra que arrasa con todo.

90. 1923. **CHULADA. *La rueda*:** el aparente melodrama de una chiquilla pretendida por tres esconde una tragedia griega de alto voltaje; con el tiempo, el vertiginoso montaje influenciaría a Eisenstein.

91. 1927. **CHULADA. *Napoleón*.** Afirma Malraux que al terminar la cinta, Charles de Gaulle se levantó emocionado y gritó: "¡Bravo, tremenda, magnifica!" Agrega Brownlow: "Los recursos visuales de cine no han avanzado desde *Napoleón* de Gance, la cinta es una enciclopedia de efectos cinematográficos. Una exhibición pirotécnica de la grandeza del cine mudo en las muy capaces manos de un Genio". Desbordado el entusiasmo se excede al glorificarla como la mejor cinta en TODA la historia del cine.

- **Pionero: Oscar Micheaux** director afroamericano en tiempos racistas.

92. 1919. *The Homesteader*: considerado el primer film dirigido por un afroamericano. Hoy perdido.

93. 1920. *Within Our Gates*: por mucho tiempo perdida, se encontró una copia en España donde se exhibió con el título de *La Negra*. A pesar de unas transiciones torpes, el film captura con potencia la situación de racismo rabioso que linchaba inocentes, y del empuje de la raza por mejorar su situación. Aunque modesta, es una acertada respuesta al desbordado etnocentrismo de Griffith.

94. 1925. *Body and Soul*: debut de Paul Robeson, demoledora denuncia de un ministro bribón (nada nuevo), cinta venida a menos por un final desconcertante, quizá impuesto. Film realizado

con estrecheces; Mercedes Gilbert, la abnegada madre de la muchachilla, así como Robeson, se llevan la tarde.

1920: El cine se eleva a Séptimo Arte

95. **CHULADA.** *El gabinete del doctor Caligari* / osto, Robert Wiene, con Conrad Veidt. Arranca el expresionismo alemán: "Una mezcla de crueldad e inquietud, de fantasía y frenesí": Sadoul.

96. *The Man that Laughs* / Weine: con Veidt. La vida del payaso que ríe por fuera... gran protagonismo de un imperial Veidt, uno de los grandes. La cinta se apoya en la novela de Víctor Hugo.

ALPHA: Buster Keaton (wasichu) El gran Clown.

97. 1921. *The Playhouse*: Keaton encarna a veinte diferentes personajes, entre ellos a un chango.

98. 1925. *Seven* Chances: todas las novias de la ciudad persiguen a Buster.

99. 1926. **CHULADA.** *La General* / trepado, de manera precaria, sobre una locomotora en marcha el Clown se sublima y nos deja exhaustos.

1921: Se encumbran estrellas y *prima donna*

100. *Manhatta* / (wasichus) Sheeler y Strank. El esplendor de la urbe de hierro.

   • **Betha: Rex Ingram** (dublinense): la dualidad epicena de Valentino y Novarro.

101. 1921. *Los cuatro jinetes del Apocalipsis*. Basada en una obra de Blasco Ibáñez. Valentino se avienta un tango en un congal de la Boca.

102. 1926. *Mare nostrum*: con Antonio Moreno, obra de Blasco Ibáñez.

- **Betha: Marcel L'Herbier** (gabacho)

103. 1921. *El Dorado*: Sandoul la considera lo mejor de la cosecha.

104. 1924. *La inhumana*: el monumento al art *déco* (elegancia y sofisticación); colaboración con el pintor Léger y otros artistas avant-garde (vanguardia) en París.

105. 1928. **APASIONADA. *El dinero*:** basada en una novela de Zola. Alucinante, denuncia de la avaricia desmedida de los capitalistas. Sandoul: "Una intriga romántica con decorados modernos y lujosos donde las cámaras ensayan una danza ritual".

Cine abstracto: se enfoca en los elementos esenciales del cine: el movimiento, el tiempo y la luz y cómo se relacionan.

106. 1921. *Rhythmus 21* / Hans Richter: este pionero del cine abstracto bebió profundo del cubismo y dadaísmo, pugnaba por una expresión revolucionaria.

~ 1922 ~

107. **CHULADA. *Häxan*** [jek sen] ***La brujería a través de los siglos*** / Christensen.

- **Alpha: Friedrich Wilhelm Murnau** (osto)

108. 1922. **CHULADA. *Nosferatu, una sinfonía del terror*:** se sublima el vampiro Max Schreck.

109. 1924. **CHULADA. *El último*:** el sublime Jennings, encarna la caída del trabajador desechable.

110. 1927. **CHULADA. *Sunrise*** (Amanecer): es una vista bien chévere, bien fregona. Se trata de un bato casado que se clava con una curra coqueta de la *ciudá*. El *ojete*[3] deja el plato servido en la mesa

---

3 Ofensivo y grosero: persona sumamente cobarde y de malas intenciones, que actúa de mala fe: DEM.

y se va a darle vuelo a la hilacha con La Pintada. Para poder desfogarse agustito y sin molestia alguna, planean darle chicharrón a la *wife*, decide ahogarla en un charco cercano. Cuando el esposo está por torcerle el pescuezo y darle *matarili*, se arrepiente el *güey*. La *doñita* escapa volada. El casi asesino le pide una y mil disculpas, se montan en un tranvía el que, al parecer, fue hecho para la *movie*. Se van de aventura por la *ciudá*, donde se la pasan de aquellas, inclusive correteando unos chanchitos (cerditos). Ya bien contentotes regresan al pueblo. El *güey*, agarra la onda y le da carpetazo a la piruja de la *ciudá*. Ella se borra como los perros, con el rabo entre las patas a buscar a otro *güey* a quien *cotorrearse*.

- **Betha: Robert Flaherty** (wasichu).

111. 1922. **CHULADA.** *Nanook of the North.* Docudrama, explora la vida en el exótico Polo Norte, éxito de taquilla, inicia una serie de cintas que idealizan la vida en islas del Pacifico.

112. 1934. *Man of Aran*: entre el mar violento y el mísero terreno rocoso unas almas luchan y sobreviven, a pesar de todo.

Louis Delluc (gabacho): muere a los 33 años de tisis, dijo: "la vida semeja el cine, es hora de que el cine semeje la vida".

113. 1922. *La Femme de nulle part* (*La mujer de ninguna parte*): el recuerdo y la cruel memoria de una mujer madura que cuenta su desdicha, conmueven a una joven esposa que piensa abandonar el nido para *panalearse* con un joven.

Primer largometraje popular en *technicolor*

114. 1922. *The Toll of the Sea* / Chester Franklin: con Anna May Wong. Por mucho tiempo perdida. Aunque el cuento es trivial, reviste importancia por las circunstancias. La actuante es de ascendencia china, nació en el Chinatown de Los Ángeles. Nunca se le dio

una oportunidad de desempeñar papeles estelares. A la cinta le falta el final.

~1923~

- **Betha: Jean Epstein** (pescador): *Photogénie*: contra la narrativa tradicional, filma al ritmo espontáneo de la vida en close-ups, movimientos atrevidos de cámara, montaje; "captura las expresiones del alma para crear conceptos en la mente del espectador".

115. 1923. ***Coeur fidèle.***: El aparente melodrama estilo Zola/Balzac, triángulo amoroso con final rosa. Retrata los sentimientos en las caras de los amantes. Creativa labor de cámara, montaje influido por Gance.

116. 1929. *Finis Terrræ*. En la pequeña isla francesa de Ouessant, re-colectores de algas se buscan el pan en un tremendo banquete óptico de mar.

- **Pionera: Germaine Dulac** (gabacha).

117. *La sonriente madame Beudet*: considerado el primer film feminista: cuento de Maupassant.

118. 1928. *La concha y el cura*: considerado el primer film surrealista; basado en una obra de Antonín Artaud. La directora: "Esto no es un sueño, sino el mismo mundo de las imágenes que lleva al espíritu a donde no consiente ir".

- **Betha: Harold Lloyd** (wasichu): el menor de la Tercia de Ases (con Chaplin y Buster Keaton) de los grandes clowns.

119. 1923. **CHULADA.** *Safety Last* / Fred Newmeyer y Sam Taylor: el clown nos deja sin aliento al actuar al borde del abismo.

120. 1925. *The Freshman* / Newmeyer y Taylor: Lloyd va de hazmerreír a héroe en un partido de *football*.

Jacques Feyder (flamenco): principios de realismo poético, estilizado y de estudio en contraste con el neorrealismo que se filma en la calle.

121. 1923. *Crainquebille*: basada en Anatole France. Un humilde vendedor ambulante vive mejor en la prisión que libre.

122. 1926. *Gribiche*: un niño bueno y feliz, hijo de una viuda, le hace sombra al pretendiente de esta; lo "rescata" un burguesona que pretende salvar al mundo y se lo lleva a vivir en una jaula de oro. Sentimentalona, final rosa.

~ 1924 ~

123. *Aelita: Reina de Marte* / russi, Yakov Protazanov. Desconcertante, vestidos y sets extravagantes, la cinta fluctúa entre farsa, ciencia ficción, propaganda y documental de los años después de la Revolución rusa. Con cambios abruptos, quizá por cortes al original.

Dadaísmo: bebe del anarquismo, nihilismo con propuestas anárquicas, busca la libertad absoluta, sin importar la tradición ni la estética.

124. *Entr'acte* (Intervalo) / gabacho, Rene Clair: prima la imaginación, las escenas se suceden creando un *ballet visual*.

Rebelde: Erich von Stroheim (norico).

125. 1924. **CHULADA.** *Greed* (Avaricia): basada en la novela del rojillo Frank Norris; cinta mutilada por los estudios, de 462 minutos quedan 239. Los tres o cuatro afortunados que la vieron integra, todos gente de cine, la catalogan de sublime y de lo mejor que hasta entonces habían atestiguado. Toda una barbarie perpetuada por Meyer o sus secuaces.

126. 1927. *Underworld*: de los primeros gánsteres.

127. 1928. *The Docks of New York*: el puerto como un arrabal violento, sin ilusiones.

- **Betha: Georg Wilhelm Pabst** (leitanio): *Die neue sachlichkeit* (nueva objetividad).

128. 1924. *La calle sin alegría*, con Asta Nielsen y una Greta Garbo que fue filmada en cámara lenta para ocultar un *tic* nervioso. Esta película es parte del movimiento artístico *Neue sachlichkeit* que se ha traducido como "nueva objetividad". Floreció en Alemania en los veinte, contrapone una versión más realista y con consciencia política, reacción contra el expresionismo que es más romántico, una visión deforme y de pesadilla. *Bajo la máscara del placer* fue el título en español, romántico si se quiere, realista. Desde luego, el original *Die freudlose Gasse*, equivaldría a La calle de la tristeza o El callejón de la tristeza. La calle, prototipo de la ciudad, es un sitio violento o, como sugiriera Jung, una Madre Terrible. Es un lugar de sufrimiento donde los ricos se divierten y los pobres esperan hambreados o se ven arrinconados a venderse para saciar los placeres de los patrones. Este tema volverá a retomar Pabst en dos cintas posteriores.

129. 1929. **CHULADA. *Caja de Pandora*:** El corte de pelo *bob* y el desparpajo sensual de la maicera de *Kiansas* (Louise Brooks) seduce: al espectador, al padre, al hijo, al amigo, al Destripador de Londres, a ustedes, a mí y a todo el mundo.

130. 1929. *Diario de una perdida*. Repite Brooks en la historia de una muchacha pública que por falta de cariño familiar la pasa mal en un mundo cruel.

~1925~

131. *Sinfonía diagonal* / suione, Viking Eggeling: primero colaboró y después se distanció de Richter. El film se considera la cumbre del cine abstracto.

- **Alpha: Sergei Eisenstein** (russi): El Maestro del montaje, discípulo de Lev Kuleshov: Todo maestro en un tiempo fue discípulo.

132. 1925. *Huelga*: la cruel y trágica represión de unos huelguistas.

133. 1925. **CHULADA.** *Potemkin:* por mucho tiempo considerada lo mejor del cinema.

Alpha: Carl Theodore Dryer (danio).

134. 1928. **CHULADA.** *La pasión de Juana de Arco:* el director no solo refleja la tortura de la santa, sino que tortura a la actuante María Falconetti, de tal forma que la alejó de las cámaras para siempre.

- **King Vidor** (wasichu).

135. 1925. *The Big Parade* (asistió George Hill): encumbra a John Gilbert. Inicio casi cursi, de telenovelita, pero el último tercio del drama de guerra denuncia la brutalidad y el cruel desenlace.

136. 1928. **CHULADA.** *The Crowd* (*La muchedumbre*, también conocida como *Y el mundo marcha*; *La multitud*): la ansiedad del humano, tan microscópico dentro de la megalópolis. La gris existencia de un empleado de oficina con sueños truncos y un miserable departamento frente a las vías del tren.

137. 1929. *Aleluya*: primera cinta de Hollywood con elenco afroamericano.

~1926~

138. *Página de locura (Página loca; Página en blanco)* / nipón, Teinosuke Kinugasa: colaboró el Nobel Kawabata. Una versión experi-

mental de los sueños, las alucinaciones, pesadillas y la realidad. Sin intertítulos, aunque en Japón los films mudos se acompañaban de narrador (*benshi*).

139. *Solo las horas* (*Rien que les heures*) / carioca, Alberto Cavalcanti. Se trata de una sinfonía citadina o cityscape. Retrata los gozos y las miserias de los parisinos.

140. *The Vanishing American* / George B. Seitz: extraña relación de la historia del nativo en el sudeste. En parte describe su explotación por el europeo y su sacrificio en la guerra mundial; no deja de ser paternalista, aunque el héroe es un blanco haciendo el papel de indígena, no llega a quedarse con la muchacha. Filmada en el Valle Monumental.

141. *Anémic Cinéma* / Marcel Duchamp: no tiene trama, discos giratorios a veces con frases sin sentido. Obra entre el abstracto y el dadaísmo.

Vsevolod Pudovkin (russi).

142. 1926. **CHULADA.** *La madre:* drama histórico basado en la novela de Gorki.

143. 1927. *The End of Saint Petersburg*: restaurada con banda musical en 1969. Drama histórico de la Revolución rusa.

~1927: Año CHULADA del cine mudo~

144. *Berlín: sinfonía de una gran ciudad* / osto, Walter Ruttmann: vaya paseo por la metro.

145. *Casanova*. Alexander Volkoff y otros emigrantes rusos en París: "desprecia el peligro y gasta sin medida. Su sorprendente mirada multiplica su poder de seducción". Costosa producción donde el bribón se burla de las autoridades y seduce a toda la que se le pone enfrente, o quizá es al revés.

146. *Chang: Drama de la selva*. Cooper y Schoedsack: aventuras en las junglas de Siam (Tailandia).

147. *Garras de Oro* / cafetero, Jambrina (Alfonso Martínez Velasco): con intertítulos un tanto panfletarios.

148. *King of Kings* (Rey de reyes) / DeMille: épica bíblica de los últimos días de Cristo.

149. *La revue des revues* / Joe Francis: con la *high priestess of primitivism*, Josephine Baker.

150. *Seventh Heaven* / wasichu, Borzage: un humilde trabajador en el drenaje sueña con trabajar de conserje de la calle, en donde pueda ver el sol. Rescata a una prostituta y vive con ella. De la guerra regresa herido y ciego en un final agridulce.

151. *The Adventures of Prince Achmed* / osta, Lotte Reiniger: Las mil y una noches, en siluetas.

152. *The Battle of Coronel and Falkland Islands* / Walter Summers: balanceada recreación de unas batallas en alta mar.

153. *The Scar of Shame* / Frank Perugini para Colored Players Film Co., trata el conflicto entre los más prietitos y los morenos de raza negra, un tema que los blancos no entienden ni les importa.

154. *The Unknown* / Browning: con Lon Chaney y Joan Crawford. Una de las joyitas trágicas del dúo director, protagonista; él, por amor, se extirpa los brazos.

155. *Cama y sofá* (*Tretya Meshchanskaya*) / Abram Room. Comedia de un triángulo amoroso, los dos machos se quedan, la mujer elige, escapa y se libera. Ingeniosa cinta que fue contra el corsé revolucionario de entonces, un respiro creativo que pronto ahogaría el psicópata Stalin.

156. ***Vert*** (Verde; fecha estimada). Atribuida a la influencia de distintos *ateurs*, activos por entonces. Por su parte, el BFI (Londres), como el AFI (Hollywood) y la Cineteca del Matadero (Madrid) la consideran perdida. Otra teoría más racional propone tratase de una obra menor con posterior montaje responsabilidad de Yelizaveta Svilova. Los pocos que juran haberla visto, aunque nadie les cree, hablan de una cinta única, parte *cinema astratto*, parte expresionista, parte impresionista, farsa, tragicomedia. Por un tiempo circularon rumores que todo es una broma de mal gusto de un aficionado de Silicon Valley con acceso a equipo de la época.

157. *Wings* / wasichu, William Wellman; y gaucho gabacho, Harry d'Abbadie d'Arrast: probable primer beso gay en pantalla y primer Óscar.

LAMENTO INFORMARLES: El seis octubre 1927 se estrena *The Jazz Singer*: RIP cine silente.

~1928: Otra CHULADA de año~

Cinéma Pur de Man Ray (washishu).

158. *Estrella de mar* / Ray interpreta un poema de Desnos. El fotógrafo surrealista filma fuera de foco, parte de las loqueras de aquellos tiempos entreguerras.

159. *Beggars of Life* (Mendigos de la vida) / washishu, Wellman: con Louise Brooks, Wallace Beery. Entretenida y muy realista aventura de los que viven en la calle, el original tenía algunos sonidos. Final casi feliz.

160. *Daphnia* / gabacho, Jean Painlevé (fue también biólogo): documental didáctico sobre la vida de un piojo de agua. No se preocupen, no pican como los piojos que suele habitar en nuestras testas, eso sí, suelen ser alimento primordial para los peces.

161. *El puente* / tulipán, Joris Ivens: documental: "una sinfonía visual pura".

162. *Études sur París* / gabacho, André Sauvage. Un cityscape.

163. *Lonesome* / leitano, Paul Fejös. El amor florece aun en el endiablado trajinar de la metrópolis.

164. *Ramona* / nativo de la Nación Chickasaw, Edwin Carewe (Jim Fox), 'descubrió' a Dolores del Río, estrella de la cinta; la película estuvo perdida hasta que en 2010 se encontró una copia en Praga.

165. *Sadie Thompson* / Raoul Walsh: con la Swanson y Lionel Barrymore; versión de "Lluvia" un cuento de Somerset Maugham. A pesar de que el conflicto entre el ministro de la religión y la pecadora se alarga hasta incluir un tercero que estorba el tango; si bien, la protagonista no muestra una rodilla; y aunque a la cinta le faltan los minutos finales, para siempre perdidos, no importa, con la sonrisa y los ojos hechiceros de la Swanson basta: "*You are radiant, you are beautiful!, one of the daughters of the King*".

166. *The River* / wasichu, Frank Borzage: perduran 55 minutos de los 88 originales: "Hay un río llamado vida, nace de una fuente escondida. El mar es su meta. Por ahí navegan las barcas del destino humano".

167. *Sombras blancas* (*de los mares del sur*) / W. S. Van Dyke, docudrama con Raquel Torres, de madre mexicana y padre alemán, nació en Hermosillo. Desde Tahití o las Islas Marianas nos llega, cosa rara, una película que condena la insaciable avaricia del colonialismo anglo que destruye las paradisiacas islas del Pacífico.

~1929: Sin duda, el año de Louise Brooks~

168. ***Regen (Lluvia)*** / flamencos, Mannus Franken y Joris Ivens: llueve en Ámsterdam. Ivens perfeccionó la *kinoamo* (amor al movimiento, la cámara portátil de 35 mm de Emanuel Goldberg, el "químico por educación, físico por vocación y mecánico de nacimiento)". Note que *regen* o *reghen* (lluvia) es parecido al ING *rain* ambas del PIE *reg* (humedad). Mientras que *lluvia* viene del LAT *pluvia*, del PIE *plue* (fluir), pero dejemos esto en paz.

Peter Dekeukeleire (flamenco).

169. *Detective Story*: cine independiente, experimental, abstracto, por mucho tiempo abandonado al margen, hoy reconocido. Una esposa preocupada encarga a un detective espiar a su esposo; lo que la cámara del sabueso captura, esa es la historia.

170. 1930. *Flama blanca*: alternan escenas de una montaña, una moto, una mujer y bloques abstractos.

Alfred Hitchcock (albo).

171. 1929. ***The Manxman:*** destacado triángulo amoroso en la Isle of Man; dos preguntitas: ¿Acaso el amor se acaba? ¿Qué deberes implica la amistad?

Betha: Dziga Vertov (eslavo, Danis Kaufman).

172. 1929. **CHULADA. *El hombre de la cámara:*** con notable edición de Yelizaveta Svilova, la compañera del director; la vertiginosa cámara captura toda la metrópolis: sus habitantes, máquinas, actividades.

Considerada la mejor del cine silente portugués.

173. *The dance du paroxysms* / lusitano, Jorge Brum do Canto. Denominada un ensayo visual. La jornada explora las posibilidades del cinema pobre y las alturas a donde se atreve la imaginación, cámara meneada.

- **Luis Buñuel** (gachupín, mexa): surrealismo anticlerical.

174. 1929. *Un chien andalou* (Un perro andaluz): con la colaboración del lunático mercachifles Salvador Dalí. Los camaradas se pelearon y Dalí, mocho y facha, rajó. *Breve Storia del Cinema*: "Es un delirio onírico; una instigación al asesina, aclararon sus autores".

175. 1930. *La edad de oro*: retrata cómo la burguesía: iglesia, ejército estado, dificulta el amor.

176. 1932. *Las Hurdes* (Tierra sin pan): etnoficción (dudoso), entre el surrealismo y la denuncia social de la pobreza y el abandono.

- **Yasujiro Ozu** (nipón).

177. 1932. *Yo nací, pero...*: drama doméstico sobre la jerarquía a nivel social y el amor familiar.

~De los treinta pa'l Real~

178. 1930. À propos de Nice (A propósito de Niza) / Jean Vigo: su padre, un anarquista español, fue ejecutado en prisión. Vigo colaboró con la cámara de Boris Kaufman. Exponen los contrastes entre los burgueses y los pobres de Niza: "una mirada generalizada de los últimos suspiros de una sociedad perdida en el escapismo de los placeres vulgares de la carne y de la muerte": Vigo.

179. 1930. *Borderline* / albo, Kenneth Macpherson: Paul Robeson destaca el racismo rabioso en un intenso drama de un triángulo amoroso birracial, donde la esposa blanca enloquece y enfurece a los locales. Es una joyita que trata temas tabús en el cine de consumo, un tanto elíptica (indirecta) para mi gusto; hay que tomarla con calma, intensa banda sonora moderna del jazzero brit, Wycliffe Gordon.

180. 1930. **CHULADA ENCANTADA.** *La gente el domingo* (*People on Sunday*). / osto, Robert Siodmak y el leitanio, Edgar Ulmer; colaboraron Billy Wilder y Fred Zinneman: encantadora, parte historia de amor, parte *cityscape*, narrado con la inocencia de un juego juvenil, un poema a los pequeños placeres de la vida de un domingo cualquiera en Berlín, antes de la catástrofe facha.

181. 1930. *Maria do mar* / lusitano, José Leitão Barros. Con pescadores de Nazaré y con la influencia del expresionismo alemán y de la escuela rusa, el docuficción (crónica anecdótica) relata la riña y reconciliación de dos familias, al estilo de Romeo y Julieta.

182. 1930. **CHULADA VISUAL:** *Tierra* (Suelo) / russie, Oleksandr Dovzhenko: poema al campesino y a nuestra Madre Gea.

VUELVO A LAMENTARME: El tiro de gracia: la primera película hablada en español.

183. 25 enero 1930: *Blaze of Glory* / Sombras de gloria: se estrena en Los Ángeles en versión doble, inglés y español.

184. 1930: *La Virgen de la Caridad* (Cuba, 1930). Primera cinta sonora cubana, se perdió el sonido, sobreviven las imágenes.

185. 1931. *Douro, Faina Fluvial* (Duero, faena fluvial) / poético documental del lusitano Manoel de Oliveira. En 21 minutos captura con intensidad la vida de marineros, estibadores y mujeres que laboran en ese portentoso río. Destacada música de piano le fue agregada en 1994: *Letanías de fuego y mar*.

186. 1931. **DIVINA.** *Limite* / brasileiro, Mário Peixoto. En una serie de imágenes fuera de cuadro, algunas bellas, otras desconcertantes, con apenas una veintena de palabras pero, con música: una mujer huye de la prisión, otra de un marido abusivo y un hombre de una pasión prohibida, tres náufragos ¿de la vida? Obra de un hombre

"con ojos libres [...] celoso esteta, de inusual integridad y radicalismo (Salles)". Considerada la mejor película brasileira.

187. 1933. *Daybreak* / sino, Sun Yu. Una mujer emigra de un pueblo de pescadores a la metrópolis, cae en la prostitución y se redime sacrificándose por la revolución.

188. 1933. *Policía* / nipón, Tomu Uchida: Unos amigos de la secundaria toman distintos caminos, uno es policía y el otro un ladrón. El caótico final disminuye el drama que iba por buen camino.

189. 1933. *Veredicto de no culpabilidad* / afroamericanos, James y Eloyce Gist: el par de amateurs filmaban cortos de corte religioso. Los creadores los exhibían en templos y otros centros comunitarios; ella acompañaba en el piano y él desgranaba un sermón para cerrar la noche.

Desde 1934 hasta 1967 el Código Hays, una endiablada y racista censura, amordaza y emascula el cine en Estados Unidos.

190. 1934. *La diosa* / sino, Wu Yonggang: drama de pobreza y prostitución con Ruan Lingyu, quien se suicida a los 24, víctima de la crítica social.

191. 1935. *Legong: Dance of the Virgins* / gabacho, Henry de la Falaise: *two-color* tecnicolor (rojo y verde) aparte del blanco y negro. El docuficción encarna la leyenda del bien contra el mal, dramatizada por actores nativos del maravilloso Bali. Restaurada en 1992, ya que la versión gringa le cortó los close-ups de los senos femeninos y la inglesa le mutiló la pelea de gallos.

192. 1937. *Monsieur Fantômas* / flamenco, Ernst Moerman: una perlita surrealista, un tanto anticlerical, influencia de Buñuel. Dijo el director que la cinta es "un mundo donde nada es imposible, donde un milagro es la ruta más corta de la incertidumbre al misterio".

~ Homenajes ~

193. 1960. *La isla desnuda* / nipón, Kaneto Shindo. Para apenas sobrevivir, los campesinos enfrentan grandes sacrificios sin chistar. El director brinda por sus padres y por la gente de campo en general y protesta contra la falsa creencia popular de considerarlos como tontos.

194. 1979. *Ratataplan* / latino, Maurizio Nichetti: Aunque hay muchos ruidos y algunas voces en varios idiomas, el espíritu de la película es mudo, el protagonista no abre la boca.

195. 1988. *Pushpaka Vimana* / sindhu, Singeetam Srinivasa Rao. La primera película silente de la India es de todo: historia de amor, comedia, suspenso y crimen con gags un tanto forzadas.

196. 1999. **DIVINA.** *Diva dolorosa* / flamenco, Peter Delpeut: Las divas del cine silente italiano se apasionan, aman, se retuercen, se rompen los mantos, apuñalan y mueren de amor, deseo y celos. *"La mia anima intera arde por Voi!"*

197. 1999. *Tuvalu* / osto, Veit Helmer. Delirante comedia con algunas voces y sonidos. Oda a la máquina, al pasado, al paso del tiempo.

198. 2002. **CHULADA ENCANTADA.** *La fiesta de Margarette* / brasileiro, Renato Falcão. Un banquete de gags e imágenes realistas; una oda a Chaplin, con música y sonidos pulsantes.

199. 2010. **DIVINA.** *Le quattro volte (cuatro veces)* / latinus, Michelangelo Frammartino. Estamos en el pueblo de Caulonia, región de Calabria, casi donde la bota da un puntapié a Sicilia, lugar que en el siglo VI AEC visitó Pitágoras.

La prodigiosa y paciente cinta atestigua cómo pasamos, reencarnamos, *asegún* la teoría del sabio greco, por cuatro estados: El pastor (humano) cuida las chivas, muere; la chiva (animal) nace, da unos pasos temblorosos y anda para morir al pie del árbol (vegetal); el árbol se hace carbón (mineral) de la forma más deliciosa y artesanal. Conste, ningún estado es más importante que el otro, todos son protagonistas. Bellísima meditación sobre la vida sencilla, apenas un par de máquinas pequeñas y debiluchas entran, una *troquita* que penando se arrastra y un serrucho eléctrico que se anticipa, pero no se ve su uso. La cinta es una maravilla que expresa todo el potencial del cine, sin diálogo, apenas se escuchan pocas voces inconexas y los sonidos de la naturaleza. Y, aunque parezca documental, es una película de finísimo tejido, delicada, trascendental. Al concluir quedé con la boca abierta, demandando más. En el Séptimo Arte y, en el Arte en general, la perfección escasísimas veces se alcanza a medio vislumbrar.

200. 2011. *El artista* / gabacho, Michel Hazanavicius. Premiado y popular homenaje.

201. 2012. *Blancanieves* / vasco, Pablo Vega: imaginativo tejemaneje del mito infantil.

202. 2013: *Perros callejeros* / malayo–formoso, Tsai Ming-liang. Como que el cine regresa a sus inicios, se ha hecho popular filmar películas de largas tomas y con poco o sin diálogo. Esta es un buen ejemplo de la moda.

203. 2015. *Amor entre las ruinas* / latinus, Massimo Ali Mohammad: el film intenta pasar como documental del hallazgo de una cinta silente, su restauración y exhibición.

Jacques Tati: digno heredero del cine mudo

204. 1958. *Mi tío*: el creador la toma contra la complicada modernidad automática que deja atrás la vida sencilla.

205. 1967. **CHULADA.** *Playtime:* va contra el futurismo capitalista. Se le fue la mano, gastó demasiado pues construyó sets suntuosos, la cinta no gustó y quebró el estudio. Hoy goza de alta estima.

206. 1971. *Tráfico*: todo humano que ha llegado a detestar el carro y el infernal tránsito que asfixia las ciudades, se verá dentro del mundo de Tati.

Tratamos de explicar lo que no tiene sentido

Albo: escocés / afroam: afroamericano (USA); brasileiro / brit: inglés (UK) / cafetero: colombiano / antípoda: australiano / chueco: de la Republica Checa/dacio: de la Tara Românæscă / danio: danés / eslavo: polaco; pescador: hombre nacido en Varsovia; sirenas: las mujeres / fértil: irlandés; dublinense: de Dublín / finno: finlandés / flamenco: hay belga (territorio español en un tiempo) / formoso: taiwanés / gabacho: francés / kanato: canadiense / latinus(i): italiano / leitanio: Imperio Austro-Húngaro / lietuvo: lituanio; lusitano: portugués / magiar: húngaro / mexa: mexicano / nipón; japonés / norico: austriaco / osto: alemán / russi: ruso / sindhu: indio (de la India) / sino: chino / suione: sueco / tulipán: holandés / vasco: del país Euskadi / wasichu: estadunidense.

Y me cansé de buscar y no encontrar cintas recomendadas, de padecer versiones oscuras en *YouTube*, de no poder hablar al respecto, nadie de mi entorno conoce el cine silente, no hay sitio donde se exhiba, por lo tanto, aquí le mocho y *por'ai* nos guachamos por el camino.

~ Lista de boleros de Pepe ~

ROLA	CANTA(N)/TOCA(N)	COMPOSITOR
Adiós Mariquita linda	Hnas. Hndz., Orq. Rafael Paz	Jiménez Sotelo
Amapola	José Carreras	J M Lacalle
Amor de la calle	El Crooner de México	Z Maldonado
Amor de mis amores	La Voz que Acaricia	El Flaco
Amor perdido 38	M L Landín	Pedro Flores, PR
Amor qué malo eres 42	3 Diamantes	Luis Marquetti, CUB
*Amorcito corazón 49**	P Infante	Manuel Esperón, MEX
Angelitos negros 46	X Alfaro, Orq. O'Farril; Toña	Andrés Eloy Blanco, VEN
*Anoche aprendí**	El Ruiseñor, Orq. R Touzet (58)	René Touzet CUB
Ansiedad 55	Lucho Gatica	Chelique, VEN
*Aquellos ojos verdes 29**	Juan Arvizu; Alfredo Kraus	Adolfo Utrera
Ausencia 29	MT Vera, Herriezuelo	Fernando Celada
Aventurera	Guty Cárdenas; N Lafourcade	El Flaco
Bésame mucho 40	Victoria Marino	Consuelo Velázquez
*Brigas (riñas)**	Altemar Dutra	Gouveia–Amorim
Cada noche un amor	Toña	El Jarocho falso
*Camino verde**	Angelillo; J Feliciano	Carmelo Larrea, vasco
Campanitas de cristal	Olga Orq. Hnos. Castro	El Jibarito
Capullito de alhelí	Voz de Oro del Danzón	El Jibarito
*Cerezo rosa**	Orq. Jorge Sepúlveda	Guglielmi (m), La Rue (l)
*Chacha linda 41**	Martínez Gil	Martínez Gil
*Cheque en blanco**	Chelo, Paquita, Astrid	Ema Elena Valdelamar
Chinita	Ortiz Tirado, Pedro Vargas	Talavera–Muzquiz
*Cien años**	Pedro Infante; Selena	Alberto Cervantes
Cómo, cuándo y dónde	Akwid	Akwid, O Farrés
Conozco a los dos 44	Tecolines; Hnas. Hdez.	Pablo Valdez

Cuando tú me quieras	El Tenor de la Voz de Seda	Raúl Shaw Moreno
Cuando tú te hayas ido	Olga Chorens	Rosario Sansores/ Carlos Brito
Cuando vuelva a tu lado 32	Mari Trini, Electrones; J Mojica	Joaquina
Cuando ya no me quieras 30	Hnos. Martínez Gil	Cuates Castilla
Cuidadito, cuidadito	Pujiditos	Mario de J Báez
Delirio	Los 3 Ases	Portillo de la Luz
Desamparada	Hermanos Martínez Gil	HMG
Dorila 1856 (1904 grab.)	Hermanas Martí	Alberto Vásquez, Luis Morcello
Dónde estás corazón	Roberto Ledesma, Orq. P Delgado	Luis Martínez, CATAL
Dos cruces 45	Juan Legido	Larrea
Dos gardenias	El Jefe; A Machín	Isolina Carrillo, CUB
El andariego*	Pepe Jara	Álvaro Carrillo, OAX
El cuartito 47	Panchito Riset	Mundito Medina
Ella	Los Caminantes	José Alfredo, GTO
El malquerido	Felipe Pirela; Alci Acosta	W. Soriano
El reloj 57*	Pedro Vargas	Roberto Cantoral, MEX
En la orilla del mar 51	El Mostachón, Matancera	Berroa Rivera
En mi viejo San Juan 42	Fdo. Álvarez, Trío Vegabajeño	Noel Estrada
Está sellado*	Elenita Santos, Super Orq. San José	Mario Molina Montes
Estoy pensando en ti	Hnas. Águila	El Esqueleto
Farolito*	El Flaco	El Flaco
Flores negras 32	Voz de Humo	Sergio de Karlo
Frenesí 39*	Linda Ronstadt	Alberto Domínguez, SCDL Casas
Funeral	Mon Laferte 2018	ML Chile

Hay que saber perder 41	ML Landín; La Voz DA; Martínez G	Abel Domínguez
Hipócrita	Fernando Fernández	Carlos Crespo
*Historia de un amor**	Luz Casal	Eleta Almarán PAN
Hola, soledad	El Guapo de la Canción	Palito Ortega, gaucho
*Júrame 26**	Martirio; J Carreras; J Mojica	Joaquina
*La barca**	Los 3 Caballeros	Roberto Cantoral
La copa rota	José Feliciano	Benito de Jesús PR
*La corriente 54**	Estela Raval, Los Electrones	Chucho Navarro, Irapuato
*La media vuelta**	Luis mi Rey	Joséalfredo
La mentira	Pepe Jara	Álvaro Carrillo
La pared.	Roberto Ledezma	Roberto Angleró
*La trenza**	Mon Laferte 2017	ML
La vida es un sueño.	Arsenio Rodríguez	AR
Lágrimas de amor	Lalo Guerrero	Raúl Shaw Moreno
*Lágrimas del alma**	Magdalena Castro, Trío Guadalajara	Bobby Collazo
Lágrimas negras	Esther Borja, Orq. de Cámara de Madrid	Miguel Matamoros, CUB
Lamento borincano	Ortiz Tirado	El Jibarito
*Las perlas de tu boca**	Barbarito Diez	E Grenet
*Licor bendito**	Julio Jaramillo	Otilio Portales
*Longina.**	Abelardo Barroso, Orq. Sensación	Manuel Corona
Los aretes de la luna.	Antonio Machín; V Valdez	Sotolongo Quiñonez, CUB
Luz y sombra	Marco Antonio Muñiz	Julio Gutiérrez
Mar y cielo 47	H Martínez Gil; La Santa Cecilia	Julio Rodríguez
*María bonita**	Pedro Vargas; N Lafourcade	El Flacurco
María Dolores	M Dolores Pradera, Los Sabandeños	Fernando García Morcillo

Me voy	Ruth Fernández	El Huesudo
Mi último fracaso	3 Ases, M Antonio Muñiz	El Güero Gil
Miénteme 50	Olga G; Hnos. Castro; Feliciano	Chamaco Domínguez
*Mil besos 46**	Pujiditos; Los Bribones	Ema Elena Valdelamar, chilanga
Mis noches sin ti	Luis A del Paraná, Los Paraguayos	M T Vásquez, Demetrio Ortiz
Mi tormento	Adelina García PHX AZ	Abel Domínguez
Morenita mía 21	M A Muñiz, Rondalla Tapatía	Armando Villareal (Sabinas NL)
Mucho corazón	El Bárbaro del Ritmo	Ema Elena Valdelamar
*Negra consentida 29**	Alina de Silva PERÚ	Joaquín Pardavé
*Negrura**	R Laserie	Güicho Cisneros
*No, no puede ser verdad**	Lydia Scotty ARG	
*No me quieras tanto**	Hernando Avilés, Los Tres Reyes	El Jibarito
Nosotros	E Gormé y Los Electrones	Pedro Junco
*Noche de ronda**	Elvira Ríos; E Gorme, L Electrones	El Flaco
*Nuestro juramento**	Julio Jaramillo (56); F Fender	Benito de Jesús
*Nunca Jamás**	Silma Moreno	Lalo Guerrero
Ódiame	Julio Jaramillo, Trío Los Condes	Enrique Bunbury
*Oración Caribe**	Elvira Ríos	El Flaco
Página blanca	Los Fantasmas	Kuri Aldana
Palabras de mujer	Tito Rodríguez	El Flaco
Perdón	El Inquieto Anacobero	Pedro Flores
*Perfidia 39**	Linda Ronstadt	Alberto Domínguez
Piel canela 51	Bobby Capó, Matancera	B Capó
*Pobre del pobre 52**	Pirela y Billo's Caracas Boys	Adolfo Solís

Prisionero del mar*	Tecolines	Ernesto Cortázar/Luis Arcaraz
Puedes decir de mí	Gaby Moreno, A Quezada 2022	Marco Chiriboga
Quiéreme mucho	Tito Schipa (1923)	Gonzalo Roig CUB
Quinto patio	El Barítono de Argel	Luis Alcaraz
Quizás, quizás, quizás 44	B Capó, Trío Los Condes	Farrés
Rayito de luna 49	Los Electrones	Chucho Navarro
Reconciliación	Hermanas Núñez	Acrelio Castillo
Regálame esta noche*	Gloria Lasso, F Pourcel y su Gran Orquesta	Roberto Cantoral
Rival*	El Flaco	El Flaco
Sabor a mí 59*	Ersi Arvizu, el Chicano 71; Gormé,	Álvaro Carrillo
Sabrás que te quiero	Shaw Moreno, Trío Huracán, Los Peregrinos	Teddy Fregoso
Se me olvidó tu nombre*	Roberto Ledesma	Raúl René Rosado
Señor magistrado*	Iván Cruz PERÚ	Manuel Jiménez Fernández
Siboney 29	Xiomara Alfaro; El Ruiseñor	Lecuona CUB
Sin Ti 48	Los Electrones	Tito Guízar
Solamente una vez	Los Panchos	El Flaco
Sufro tu ausencia	Los 3 Ases	Juan Neri
Te odio y te quiero	Virginia López, 3 Imperial	Alessio (m), Lisio (l)
Te sigo esperando	Libertad Lamarque	
Total	El Mostachón, Matancera; Mr. Total	Ricardo Perdomo
Triángulo	iLe (PG—13) 2016	Ileana Cabra
Tristezas 1886	Los Sabandeños	José Pepe Sánchez
Tú me acostumbraste	Pitico, Orq. J S Marroquín	Frank Domínguez
Tus promesas de amor	Virginia López	Miguel Amadeo

Un compromiso*	A. María González	Hnos. García Segura
Un viejo amor*	Ana Gabriel	Esperanza Oteo, Bustamante
Usted 51	3 Diamantes	Moniz, Gabriel Ruiz
Veinte años	M Teresa Vera, Hierrezuelo	M T Vera, Aramburú (I)
Veracruz 36	Toña	Luis Díaz Castilla, Agustín
Verdad amarga	La Voz que Acaricia	Consuelo Velázquez
Vereda tropical 36*	Alfredo Sadel, Orq. Tucci; Toña	Gonzalo Curiel, tapatío
Voy a perder la cabeza por tu amor*	Serra Lima, Electrones	M. Alejandro
Voy gritando por la calle*	Hermanos Martínez Gil	H M Gil
Vuélveme a querer	A. Sadel, Rondalla Venezolana	Mario Álvarez
Y 57*	Felipe Pirela, Billo	Mario de Jesús Báez,
Yellow Days	Sinatra, Duke	Álvaro Carrillo
Y volveré*	Serra Lima, Electrones	Alain Barrière
Ya tú verás	Virginia López	Mario de Jesús
Yo sé que nunca	Trío Los Condes	Guty

PLACAS:

El Bárbaro del Ritmo: Benny Moré; **El Barítono de Argel:** Emilio Tuero; **El Crooner de México:** Fernando Fernández; **El Flaco de Oro:** Agustín Lara; **El Guapo de la Canción:** Rolando Laserie; **El Jefe, El Inquieto Anabacoero;** Daniel Santos; **El Jibarito:** Rafael Hernández; **El Mostacho que canta:** Bienvenido Granda; **El Ruiseñor de las Américas, El Samurái de la Canción:** Pedro Vargas; **El Tenor de la Voz de Seda:** Juan Arvizu; **Joaquina:** María Grever; **La Voz del Alma, Jade:** María Luisa Landín; **La Voz de Oro del Danzón:** Barbarito Diez; **La Voz que Acaricia:** Leo Marini; **Los Electrones:** Los Panchos; **Pitico:** Lucho Gatica; **Pujiditos:** María Victoria; **Voz de Humo:** Elvira Ríos.

ALGUNOS DISQUITOS ENTRE LA OFERTA:

1. *50 boleros para el recuerdo.*
2. *100 boleros a mis padres.*
3. *100 boleros con los grandes.*
4. ***100 boleros, 100 intérpretes.***
5. *Boleros cubanos de oro (80 en 4 vols).*
6. *Boleros de amor (60 en 5 vols).*
7. *Boleros para enamorarse (60 en 3 vols).*
8. *Boleros: Las grandes damas.*
9. *Boleros: Los 100 mejores temas (5 vols).*
10. *5 décadas de boleros: 1920 – 1960.*
11. *El bolero sentimientos de hombre y mujer (10 vols).*
12. *Estrellas del bolero: Conexión Lima – La Habana.*
13. *Los 100 mejores boleros (4 vols).*
14. *Los grandes tríos: los Hermanos Martínez Gil; Los Panchos; Los Tres Ases; Virginia López y su Trío Imperio; Los Tres Reyes; Los Tres Diamantes; Yolanda y su Trío Perla Negra.*
15. *Pedro Vargas: El tenor de las Américas en Cuba, Vol. I.*
16. *Por siempre: Los Panchos (3 vols).*
17. *Totalmente boleros cubanos.*
18. *Voces en alcohol (9 vols).*

LIBROS:

1. Alfonso de la Espriella, *Historia de la música de Colombia a través del bolero.*
2. Ángeles Mastretta, *Arráncame la vida.*
3. Bryce Echenique, *El beso de la mujer araña.*
4. Cabrera Infante, *Ella bailaba boleros.*
5. Carla Guelfenbein, *Contigo a la distancia.*
6. Daniel Terán Solano, *La historia del bolero latinoamericano.*

7.   Denzil Romero, *Parece que fue ayer*.

8.   Emiliano Chávez, *El bolero hecho canción*.

9.   Helio Orovio, *Trescientos boleros de oro*.

10. **Hernán Restrepo Luque, *Lo que cuentan los boleros*.**

11. Iris Zavala, *Historia de un amor*.

12. **Jaime Rico Salazar, *Cien años de boleros: nueva versión: su historia, sus compositores, sus mejores intérpretes y 700 boleros inolvidables*** (2000).

13. Lisandro Otero, *Boleros*.

14. Luis Rafael Sánchez, *La importancia de llamarse Daniel Santos*.

15. Mayra Montero, *La última noche que pasé contigo*.

16. Pedro Vergés, *Sólo cenizas hallarás*.

17. Rafael Castillo Zapata, *Fenomenología del bolero*

18. Roberto Ampuero, *Boleros en la Habana*.

19. Rodrigo Bazán, *Y si vivo cien años*.

20. Sergio Sinay, *El libro del bolero y el amor*.

¿Habrá entonces otro cielo más vasto/ donde Agustín Lara canta mejor cada noche? ¿O seremos apenas el rostro fugaz/entrevisto en los corredores de la madrugada?: Cobo—Borda

EL ANTI-CUARIO: entre los archivos encontré varias listas de boleros, una salvaje de algunos 300, otra de 65, en apariencia falsa, tras un poco de reflexión concluimos que algo tiene de simbólica, aunque huelga subrayar que ni su servidor, ni Anti ni 137 nos dejamos llevar por cábalas, aunque entendemos que mucha gente se entrega a la magia de los números y sus numerosas coincidencias. ¿Acaso 137 ajustó 65 calendarios mientras enumeraba sus favoritos? Pudiese ser.

17	24	01	08	15
23	05	07	14	16
04	06	13	20	22
10	12	19	21	03
11	18	25	02	09

Al final nos quedamos con las sugerencias arriba reproducidas, un total de 137, mismas que me entregó Benny en persona. Tras una pesquisa concluimos que las 49 canciones acompañadas de una estrellita (*) deben de ser sus favoritas.

La lectora atenta protestará, "pero si son 138 melodías, no, no y no 137". Excelente observaciones majestad, lo que sucede es que una está en inglés y en castilla, dos versiones del mismo bolerito. Y ya que en esto anda a ver si nos indica cuál es el culpable.

SAÚL HOLGUÍN CUEVAS

Foto: Eduardo Barraza @ 2023

NACIÓ EN DURANGO, MÉXICO. VIVIÓ SU NIÑEZ EN COAHUILA Y Zacatecas. Emigró a California, Estados Unidos, en su adolescencia. Cuenta con una Licenciatura en Estudios Chicanos, una Maestría en Pedagogía (ambos obtenidos en la Universidad de California-Northridge) y un Doctorado en Literatura Latinoamericana de la Universidad Estatal de Arizona. Es autor de la novela *Barrioztlán* y otros libros de cuentos y crónicas. Radica en Phoenix, Arizona.